用iClone & 互動式虛擬實境打造3D動畫世界

樂祖豪 著

作者序

記得高中（職）畢業後，踏入大學的生涯規劃的大學生活且在教育學習路程中，人生的第一套3D動畫不是3Ds Max或Maya等，而是iClone。iClone是我人生在求學過程中是最好用的3D動畫工具，並且自主學習及不斷地摸索iClone的功能。

我是小樂，本名樂祖豪，就讀亞洲大學資訊傳播學系碩士生，在七年的求學生涯當中，將iClone是主要學習核心，不斷地學習iClone相關應用及吸取有關於3D動畫的領域製作知識等，直到現在。iClone就像夥伴一樣，不斷地在各領域上，都可以連接到任何有關新的事情，這就是創新的新思維及努力的逐漸改變著。

iClone是從iClone 4.0、iClone 5.5直到現在iClone 6.0版本，iClone每一階段的成長過程，都可以證實不斷地改變並提升符合大眾期待有效的功能。我是在2012年通過iClone設計師認證，經隔兩年，在2014年通過iClone講師認證。這一路以來，除了自己不斷地努力學習，感謝我的家人及陪伴的每一位夥伴老師，共同不斷地切磋學習及互相進行彼此交流學習成果。

因此，決定重新帶各位認識iClone學習魅力，從iClone自主學習過程到彼此交換成果的學習經驗。這幾年將自學過程及所有解決問題全部編撰及收錄此本書，提供給學習者進行學習，本書將命名為《用iClone&互動式虛擬實境打造3D動畫世界》教學書。

如何使用本書暨主題介紹

如何使用「魔幻科普教育・多媒體」教學書，本書是一本協助高中職教育職能課程的多媒體教學書，可進行互動學習課程授課方式，讓學生能夠了解多媒體應用技術的涵養及培育推廣相關職能科技的應用。本書分成中之各主題內，精心規劃所有可授課的教學課程指引，是作者七年來的教學知識及求學路程的學習歷程，所制定的教學課程內容（包含演練試題），且編撰成此教學書籍。透過此書，由衷地期盼可迅速地培育推廣相關領域人才，以下是各主題介紹如下：

iClone主要重點核心教學介紹，因iClone是台灣在地化開發工程師團隊不斷地努力及開發研修，甚至推廣，製作出一套最強地動畫遊戲製作迅速即時平台。始終相信，iClone不是工具軟體，而是專門互相創作的平台工具。在本主題中，共分為11單元，每單元可重新帶你回歸認識iClone魅力主軸，並單元設計及編撰方面，澈底跳脫市面工具書的介紹來做導引。另，本主題單元設計是作者用多年的教學經驗及學習歷程，研編成所有課程主要單元包含：iClone家族成員介紹、功能性（含介面）的差異、重點核心製作、解決問題及捕捉設備等相關教學。若對於不會建模或動畫（遊戲）初學者來說，是一套能夠讓您學習暨創作平台的工欲善其事必先利其器——iClone。

圖　iClone 自製合成圖

目次

CONTENTS

單元1

iClone探索心靈世界

記得，第一次製作有關於動畫相關作品，不是3D Max或Maya來創作動畫作品，而是iClone。iClone是我的唯一首選且正式首次使用利器，並最有效地快速上手學習的製作動畫的創作利器。第一次使用iClone是從Reallusion.inc（甲尚科技）的官方網站，下載iClone 4且看到一部動人的動畫影片。開始，不斷地學習及摸索iClone奧妙及豐富多樣化的功能，直到至今。從iClone 4、iClone 5至iClone 6的版本，改變許多及增加豐富功能。介面非常人性化，功能非常的多樣化，這就是到目前為止，我持續還在用iClone的主要原因。此外，對於教學者及學習者來說，是一件非常容易上手的事情，不再是還要等待一些資訊，才可以進一步的學習效果。

iClone是一套即時（Real-Time）的動畫暨創建角色遊戲平台，是台灣的工程團隊，努力研發及不斷地推廣及研究修改，更是快速引領動畫暨遊戲的平台創作及合作的最佳利器，iClone裡麵包含豐富的許多功能，例如：素材應用、視覺特效、粒子特效、HDR、Motion Capture（動作擷取）等多樣化的豐富的功能，甚至，可擁有其他外掛的插件（Plug-In）進行創作的輔助工具。歡迎各位高中職教師多加利用及培育多方面的學習者。若要說，iClone影響魅力，本文親眼證實幾點，如下說明：

1. 在動畫或遊戲創作裡，是一套即時創作平台的合作利器。
2. 遇到任何問題，台灣客服會盡速回答任何有關問題及解決方式。
3. 增加夢寐以求的外掛插件（Plug-in），並且可以創作任何有關於動畫或遊戲的創作內容等等。
4. iClone是台灣的驕傲，因為是台灣唯一在地化工程開發的平台。
5. 不受限任何科系，只要有心想學，擁有創作的思維，及可創作屬於自己的動畫或遊戲。

最後，認真積極的努力想說一句話是iClone是台灣開發創作平台，無論是在創作動畫或創作遊戲角色上，是可快速地引領暨創作的最佳夥伴利器。接下來單元介紹，本人近七年到至今持續使用iClone的教學成果跟大家分享。

單元2

iClone魔幻核心家族成員快速介紹

要創作一部動畫或創作一部有趣的內容之前，先認識iClone核心家族成員，請先去了解它們，才能快速的上手及快速運用製作一部動畫。iClone主要核心家族成員-iClone（大長老）、3DXchange（二長老）、PopVideo（三長老）及Mocap Device（四長老）。此外，才會擁有其他的子弟兵-Indigo RT及Substance等等。

iClone魔幻核心家族成員介紹之關聯圖如下：

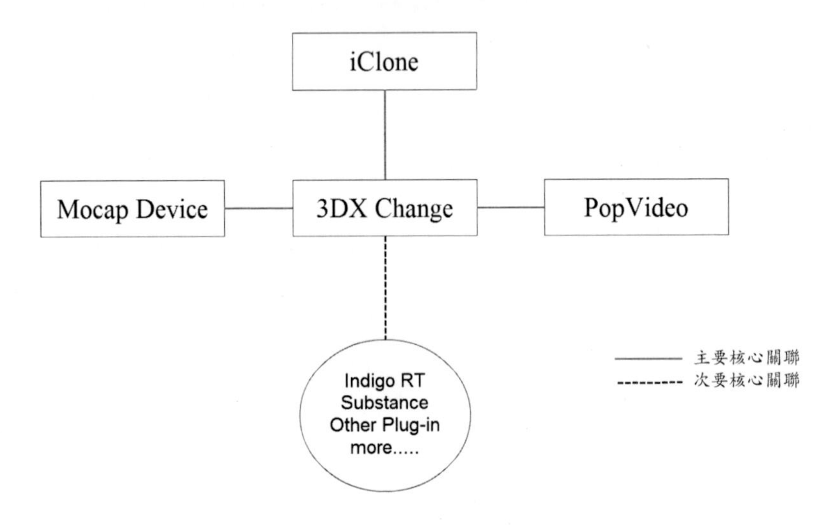

圖1　iClone 魔幻核心家族成員介紹關聯圖

從圖1來看，iClone主要核心成員各有獨特的功能作用，例如：iClone是Real-Time 3D動畫暨遊戲角色快速創作平台、3DXchange是物件轉換平台工具、Mocap Device是連接捕捉動作之硬體設備（Kinect及Neuron）擷取工具、PopVideo是快速去除綠（藍）幕視訊背景工具。再來就是其他可用於在iClone外掛插件（Plug-in）工具，例如：Indigo RT（算圖插件）或Substance（貼圖插件）等等。iClone魔幻核心家族的成長，是越來越擴大，也是台灣所開發的核心創作平台。

單元3

iClone魔幻家族介面差異介紹

3-1、iClone新功能介紹

iClone已推出iClone 6.4功能更新版本，也就是說iClone 6是一套全新的版本且具有多樣化功能的平台利器。過去本人使用iClone 4、iClone 5、iClone 5.5直到iClone 6.02、iClone 6.4版本。iClone不斷地更新、不斷地成長、不斷地修正問題及不斷地新增許多功能等等，這是一套萬能的動畫暨遊戲創建角色平台的利器。

iClone 主要功能包含：「內容管理員」、「場景管理員」及「調整」三類功能。但是，在iClone 6新增一項功能是「視覺」功能。在iClone 5若需要使用視覺特效，是使用燈光搭配天候（或天空）進行結合呈現，視覺效果不大。因此，為提升更有效的視覺化的效果（動畫效果）等，iClone 6整合單獨執行暨啟動視覺效果，效果較佳。除此之外，iClone 6版本正式推出之後，在算圖效果逼近V-ray效果且強化Real-Time的算圖效果呈現。在燈光上，新增無限燈光（含無限陰影）使用。甚至，強化不少物理屬性功能哦～

以下是列舉iClone重要更新及新增多少功能說明：

1. iClone 5增加且支援64 bit使用。
2. iClone 5新增匯出影片格式：WMV及MP4；iClone 6支援4K影片畫質。
3. iClone 5固定介面；iClone 6人性化的介面。
4. iClone 5使用G5素材（表面無法平滑）；iClone 6使用G6素材（一體成形平滑質感），iClone 6可使用G5素材。
5. iClone 5.5 新增Motion Plus（擷取動作）、燒入約束Key（「路徑」、「碰觸」、「連結」、「接觸」及「視線」）；iClone 6強化且結合Nvidia's Phys X、SpeedTree、Substance及Indigo RT等視覺功能。除此之外，利用Tessellation性能及Phy's X全新物理引擎，處理角色或物件形體，獲得不錯的視覺效果。
6. iClone 6在智慧相關物件強化及新增智慧燈光處理。

7. iClone 6.5 可輸出VR 360°且可輸出Alembic檔案功能。

相信上述所列舉有關於iClone重要的更新及新增不少令人興奮的功能，您會絕對將iClone當作您創作動畫暨遊戲創建角色首選利器，趕快來用吧！下表1是iClone素材（G3、G5、G6及CC）差異示意圖

表1　iClone素材差異示意圖

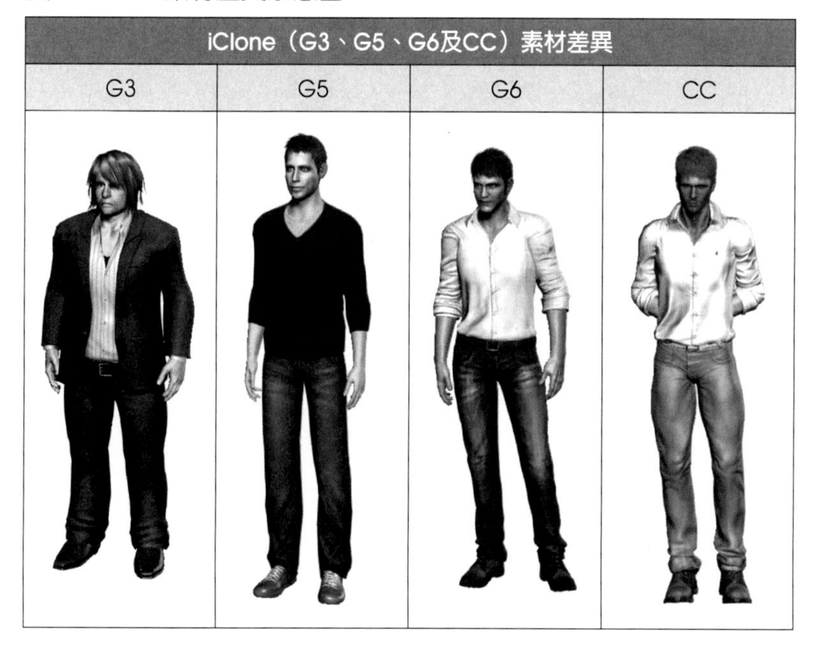

3-2、iClone 5及iClone 6系統、選單功能（含介面）差異介紹

3-2-1、iClone 介面暨安裝系統差異

介紹iClone整體功能之前，直接從iClone外觀介面來做介紹，至今的iClone已經有不一樣的介面風格（人性化介面）。要如何說明iClone的介面是完全不一樣呢？ iClone 5介面功能設計外觀是固定式介面（如圖2）；至今的iClone 6介面功能設計外觀是浮動式介面（如圖3）。兩者介面，已改變許多及發展過程中，擁有整體工作視窗的介面，且提升整體在創作設計上的方便。

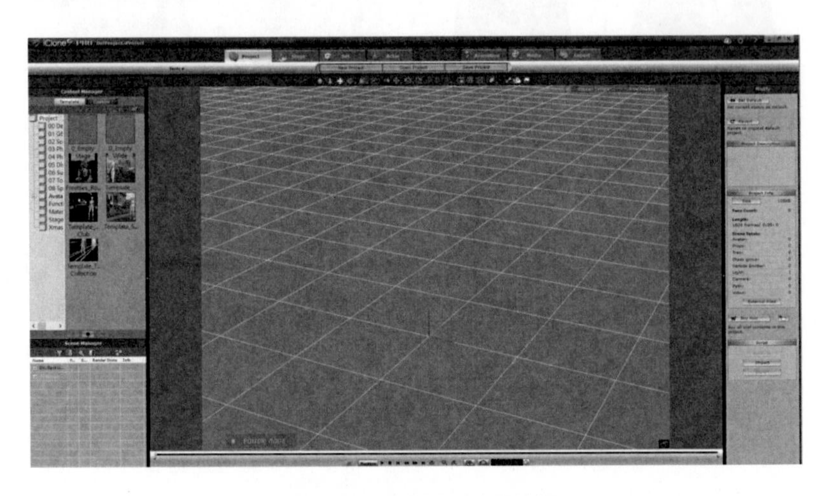

圖2　iClone 5固定式介面外觀

圖3　iClone 6浮動式介面外觀（即為客製化頁籤）

除iClone 5及iClone 6兩者介面外觀的設計上，就有很大的差別。兩者所搭配電腦系統規格，也有很大的差別所在，如下表2及表3：

基本系統配備

表2　iClone基本設備系統規格表（引用自Realluison.inc官方網站）

設備規格	iClone 5	iClone 6
CPU	Pnetium 4 2GHZ	雙核心
RAM	1GB RAM	4GB RAM
硬碟空間	2GB剩餘空間	5GB
螢幕解析度	1024×768	1024×768
顯示卡	支援Direct X 9.0 Shader Model 3.0	NVidia Geforce GTX 400
顯卡記憶體	256 MB RAM	1GB
效能	Direct X 9.0	Direct X 11

建議系統配備

表3　iClone建議設備系統規格表（引用自Reallusion.inc官方網站）

設備規格	iClone 5	iClone 6
CPU	雙核心處理（更高）	Intel i5雙核心（更高）
RAM	2GB RAM（更高）	8GB RAM（更高）
硬碟空間	2GB RAM （更高）	10GB RAM（更高）
螢幕解析度	1024×768（更高）	1920×1080 （更高）
顯示卡	Nvidia GeForce 8 系列 ATI HD 3000 系列（更高）	Nvidia GeForce GTX 600系列（更高） AMD Radeon HD 7000 Series
顯卡記憶體	512 MB RAM （更高）	2GB RAM （更高）
顯示卡相容	Pixel Shader 3.0	Pixel Shader 3.0
效能	Direct X 9.0	Direct X 11.0
顯示卡相容	Pixel Shader 3.0	Pixel Shader 3.0
效能	Direct X 9.0	Direct X 11.0
作業系統	Windows XP （32bit/64bit） Windows Vista（32bit/64bit） Windows 7 （32bit/64bit） Windows 8 （32bit/64bit）	Windows 7 （64bit） Windows 8 （64 bit） Windows 8.1 （64bit） Windows 10 （64bit）

綜表2及表3之系統規格設備表可得知，iClone 5及iClone 6在整體電腦系統配備及環境系統所需規格差異性極大。舉例來說，在作業系統上iClone 5能支援32bit及64bit的作業系統（Windows XP/Vista/7/8），但是在iClone 6上僅支援64bit作業系統（Windows 7/8/8.1/10）。此外，iClone能在Mac系統環境上能使用，需在Mac環境之下安裝Boot Camp之後，再進行安裝iClone，即便執行。

另外，iClone 5及iClone 6共通顯示卡上，都採用Nvidia GeForce系列顯示卡為主，AMD不再是首選的選擇。因Nvidia在廣泛的電腦上所搭載都會結合Intel CPU進行搭配，到至今所有的電腦內建顯卡都是這樣。AMD顯示卡只有少數特殊機種或特殊規格才會搭載專屬AMD顯示卡，但不建議。

Direct X 9.0及Direct X11.0效能在iClone效能上確實有差，以iClone 6來說，若啟動Direct X 9.0在即時平滑、移位貼圖、Speed Tree 、燈光數量限制及部分支援Indigo功能。若啟動Direct X 11.0所有功能才有效的具體發揮最大完善水準，例如:流暢性即時性動作、Direct X 11.0曲面細分功能、無限多光束、光源道具、天空編輯器（Smart ），在Direct X 9.0是完全不支援。

小知識

為何至今的多媒體或開發軟體都採用64bit作業系統呢？目前為止，所有的軟體工具都逐漸支援64bit任何作業系統，32bit已經不完全支援。例如：Adobe Premiere（影視剪輯軟體）64bit、Stingray（遊戲整合引擎平台）64 bit等等。因視覺效能解析度非常好且效能非常快，這就是趨勢，未來所有的動畫及剪輯相關軟體工具，都逐漸採用64bit作業系統。

3-2-2、iClone 選單功能介面對照

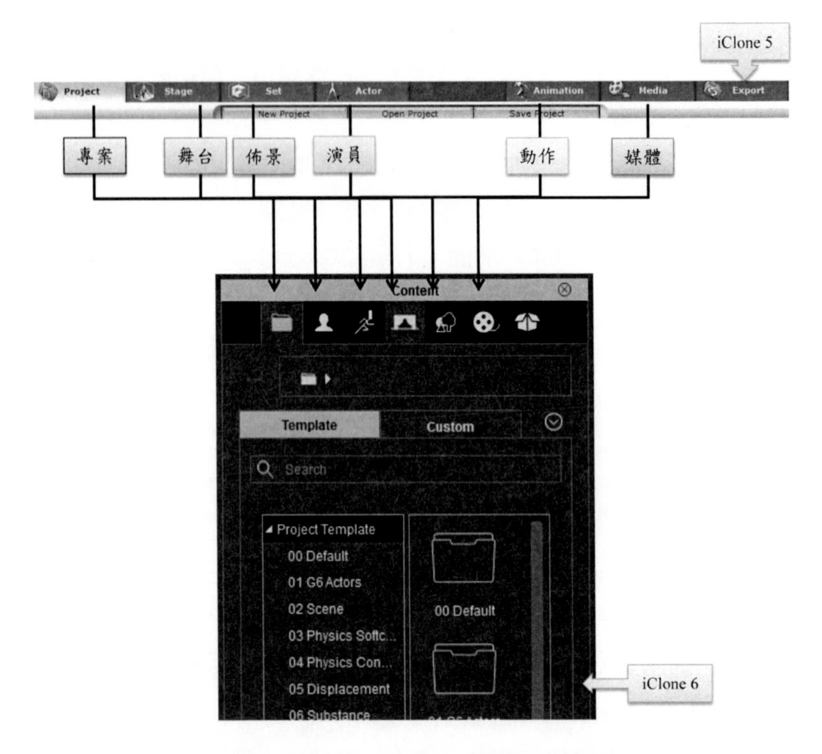

圖4　iClone 5及iClone 6選單功能介面對照圖

iClone 5及iClone 6選單功能介面說明

圖4是iClone 5及iClone 6選單功能介面對照圖，可得知明顯有極大的變化。iClone 6是將iClone 5所有的選單功能，通通整合成一套完整新介面的選單功能。方可在創作時，可快速地尋找該功能的位置。此外，iClone選單功能擁有：專案、舞台、佈景、演員、動作、媒體及輸出等功能。然而，在iClone 6中視覺功能，是將iClone 5「特效功能」及「天候功能」兩者各自獨立功能，因可提升視覺化的效果。

3-2-3、內容管理員（Content）

內容管理員（如表4，快速鍵：F4），主要扮演著所有物件管理功能，例如：iClone物件素材、iClone專案、iClone人物角色、iClone演員、iClone動作功能、iClone場景物件、iClone匯出影片及iClone外部物件等，方便學習者在設計時，都可輕易找到所要的物件。

表4　內容管理員（iClone 5&iClone6）介面示意圖

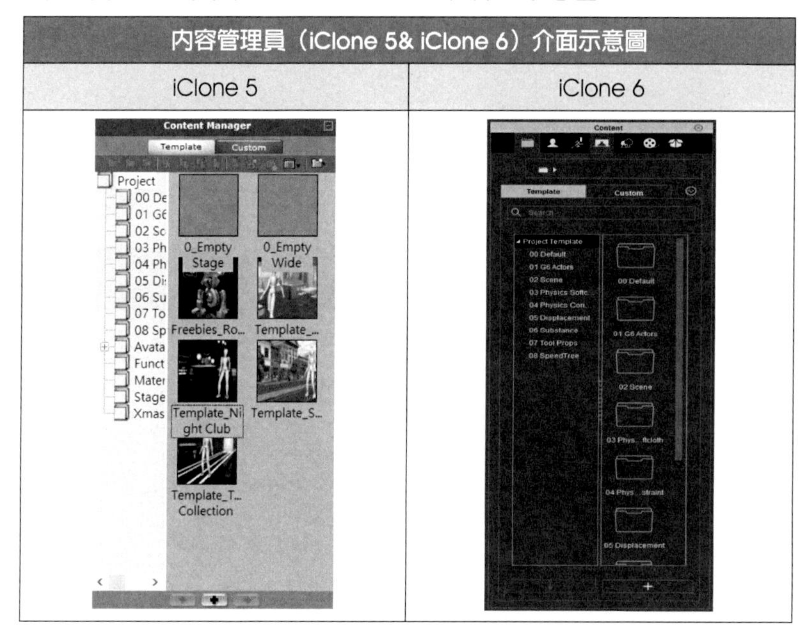

內容管理員（iClone 5& iClone 6）介面示意圖	
iClone 5	iClone 6

iClone內容管理介麵包含素材樣式、專案等內容管理，方可快速地尋找主要素材或開啟專案進行創作。貼心提醒：若在內容管理員，學習者找不到任何素材，可透過內容管理員中，「搜尋功能」如圖5，來尋找想要的素材或物件喔！

圖5　iClone 搜尋功能示意圖

3-2-4、場景管理員

場景管理員（Scene）（圖6，快速鍵：F5），主要扮演專案使用iClone素材、iClone物件等功能一覽清單，也可得知該物件算圖的詳細資訊、使用「過濾器」（圖7）及狀態設定（圖8）。過濾器是快速篩選不需要場景管理員中顯示物件設定；狀態設定是可得知在整體專案製作上物件運用多少物理屬性、啟動光線（粒子）、算圖狀態、顏色、陰影及即時平滑，也可將物件鎖定（解鎖）功能、顯示或隱藏物件。

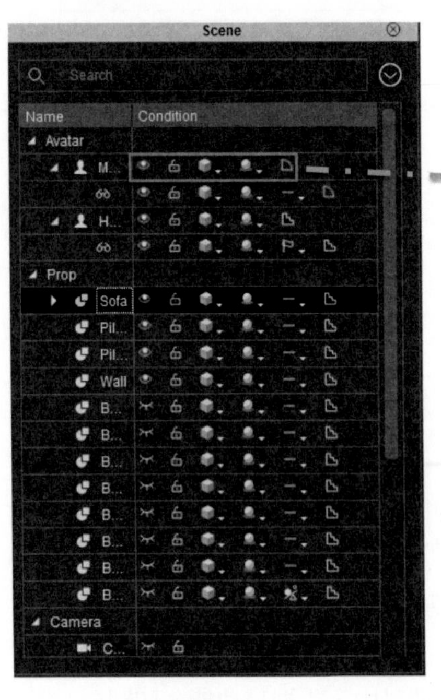

圖6 場景管理員

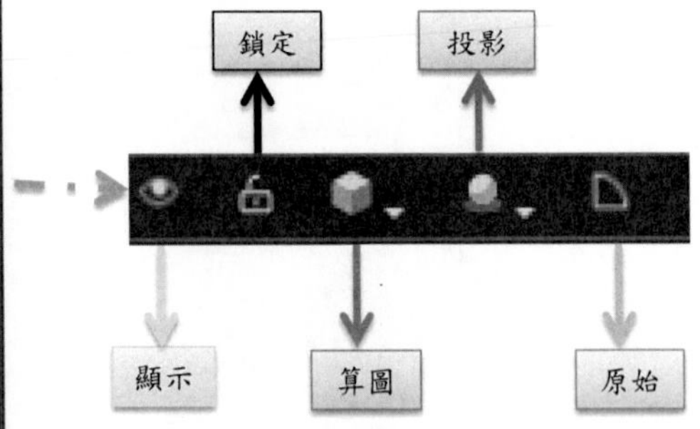

1.「算圖狀態」：算圖狀態（表5），可指定物件減輕系統資源負擔且不造成輸出結果。包含有：「法線」、「平滑」、「網格」及「物件邊界」四種效果。
2.「投影效果」：投影效果（表6），是可決定開啟（關閉）物件陰影是否投射，或僅接受物件本身投射、來自接收其他物件投射陰影效果。包含有：「所有投影」、「僅投影」、「僅受影」及「無影」四種陰影效果。

表5　算圖狀態（法線、網格、平滑、物件邊界）之示意圖

算圖狀態			
測試報告 作業系統：Windows 8.1 64bit／使用素材名稱：iClone 6（道具：Gramophone；G6角色：Mason）示範			
法線		網格	

平滑		物件邊界	

表6　投影效果（所有投影、僅投影、僅受影、無影）之示意圖

投影效果	
測試報告 作業系統：Windows 8.1 64bit／使用素材名稱：iClone 6 3D　Text Sample　示範	
所有投影	無影
僅投影	僅受影

1.狀態設定（Condition Settings）

狀態設定（Condition Settings）如圖7，是可在場景管理員之某專案內，是否將物理屬性、啟動光線（粒子）、算圖狀態、即時平滑等狀態功能開啟或隱藏，並且可重新命名該項狀態名稱。

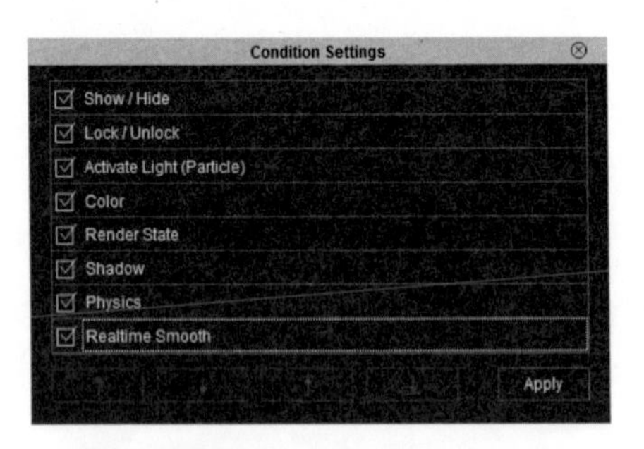

圖7　狀態設定（Condition Settings）

2.過濾器（Filiter）

過濾器（Filiter）如圖8，是可在場景管理員之各類專案功能選項，篩選專案內所顯示的物件或隱藏專案的道具功能，例如：演員、配件、約束器、動作路徑、影像前景、粒子、樹木等多樣道具功能。

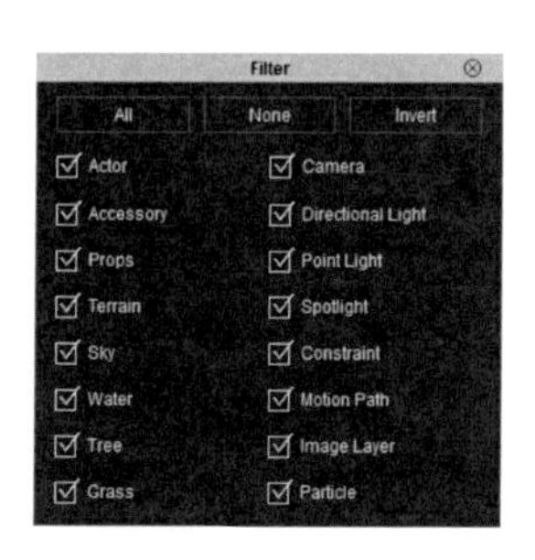

圖8 過濾器（Filiter）

3.場景管理員

表7　場景管理員（iClone5&iClone6）介面示意圖

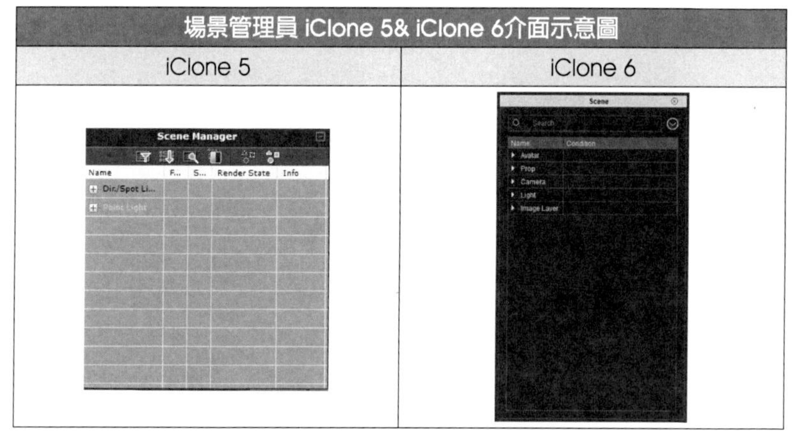

場景管理員 iClone 5& iClone 6介面示意圖	
iClone 5	iClone 6

場景管理員介面說明：

場景管理員表7中，有一個叫做燈光的功能，在iClone 5擁有部分限制的數量，但是在iClone 6燈光是沒有限制，無上限盞燈及無上限的道具使用。這是iClone最大的特色之一。

3-2-5、調整功能（Modify）

調整功能（Modify）（如表8，快速鍵：F6）是主要扮演，各項選單功能詳細調整細節的部分，例如：攝影機選單的焦距遠近、景深深度，角色（人物）選單的身材調整，物件選單的移動及旋轉多少等等，所有的專案物件內功能細節的內容。

表8　調整功能（iClone 5&iClone 6）介面示意圖

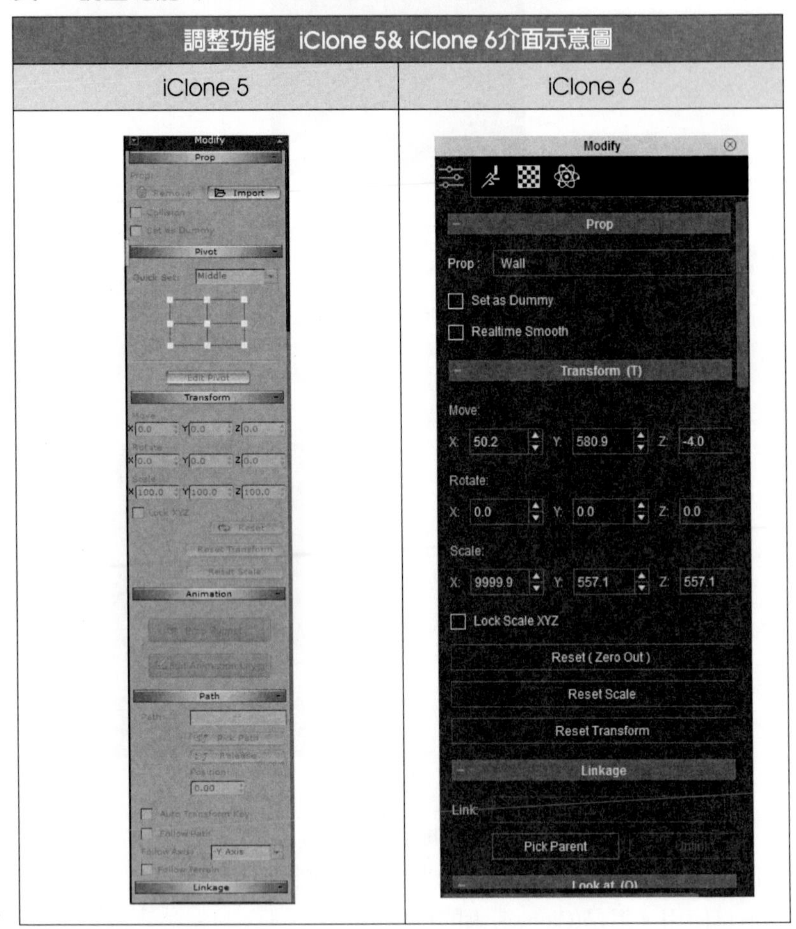

調整功能　iClone 5& iClone 6介面示意圖	
iClone 5	iClone 6

3-2-6、視覺功能

視覺功能（如圖9，快速鍵：F7），是iClone 6整合獨立的視覺強大整合功能，視覺功能可調整整體環境的天候、使用卡通著色、視覺陰影及視覺特效。若要在iClone 5調整視覺，只能夠在天候、燈光及特效進行互動性的調整整體視覺環境。但調整的功能有限，例如：在特效上，iClone 5只有5種視覺特效（NPR、模糊、顏色校正、鏡頭模糊濾鏡及顏色濾境）；相反地，在iClone 6特效也有NPR、模糊、顏色校正、鏡頭模糊濾鏡及顏色濾境，重點是iClone 6可以外加額外的特效素材喔～這就是iClone在視覺功能上最大的改變。

圖9　視覺效正

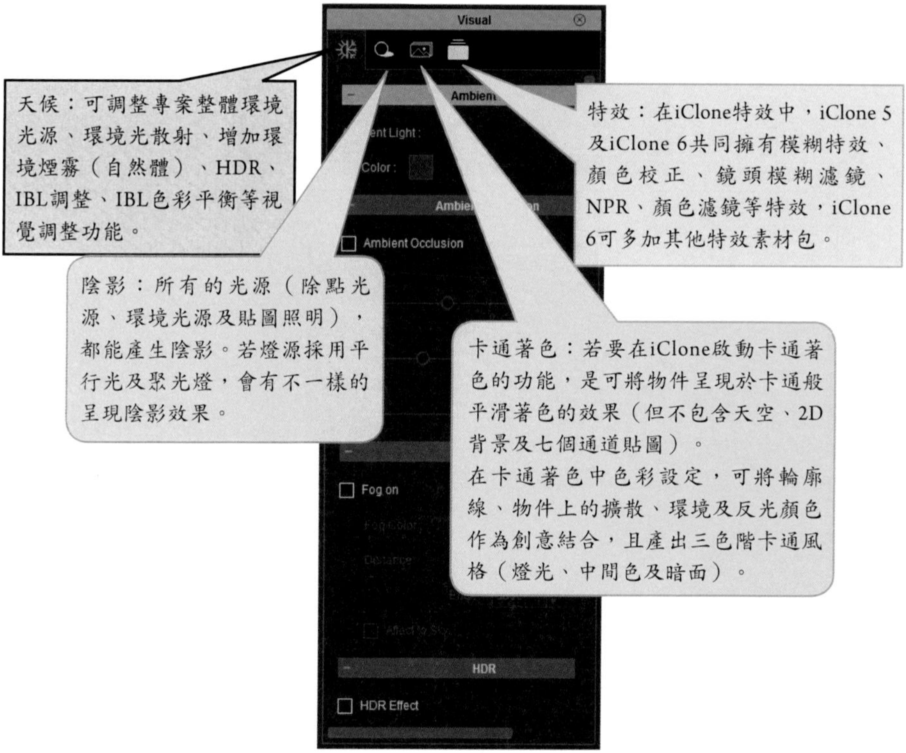

天候：可調整專案整體環境光源、環境光散射、增加環境煙霧（自然體）、HDR、IBL調整、IBL色彩平衡等視覺調整功能。

特效：在iClone特效中，iClone 5及iClone 6共同擁有模糊特效、顏色校正、鏡頭模糊濾鏡、NPR、顏色濾鏡等特效，iClone 6可多加其他特效素材包。

陰影：所有的光源（除點光源、環境光源及貼圖照明），都能產生陰影。若燈源採用平行光及聚光燈，會有不一樣的呈現陰影效果。

卡通著色：若要在iClone啟動卡通著色的功能，是可將物件呈現於卡通般平滑著色的效果（但不包含天空、2D背景及七個通道貼圖）。
在卡通著色中色彩設定，可將輪廓線、物件上的擴散、環境及反光顏色作為創意結合，且產出三色階卡通風格（燈光、中間色及暗面）。

圖9　視覺效正

3-2-7、子母視窗（Mini ViewPort）

子母視窗（Mini ViewPort）（如表9，快速鍵：F8），是預覽現在專案製作成果畫面，可讓學習者一邊設計一邊預覽位置。子母視窗，可顯示分為「左上」、「左下」及「右下」子母視窗畫面，通常預設攝影機為-預覽攝影機為主，子母視窗的比例預設-30%，可自由調整子母預覽視窗比例大小。

表9　調整功能（iClone 5&iClone 6）介面示意圖

iClone 5 V.S iClone 6子母視窗差異：

其實，iClone 子母視窗是專門預覽主畫面及攝影機所呈現的位置。iClone 5子母視窗及iClone 6子母視窗差異是不侷限視窗預覽位置。iClone 5子母視窗僅屬於3方向預覽位置（左上、左下及右下）；iClone 6子母視窗因擁有30台攝影機，不受限預覽位置所呈現效果。

3-2-8、時間軸（Timeline）

iClone 時間軸（如圖10，快速鍵：F3），有所改變的變化。在iClone 時間軸擁有切換（攝影機）、音效、HDR、IBL強度、IBL調整、擷取段落、調整、動作、臉部、觸碰、約束、顯示、材質等，都能在時間軸看到專案的關鍵影格。在iClone 5時間軸是針對各功能的時間軸中關鍵影格功能不變，但在iClone 6整合多樣化的功能，且提升了多軌（物件）時間軸編輯、縮放檢視及Dope Sheet（律表），操作簡單容易上手的環境功能介面。

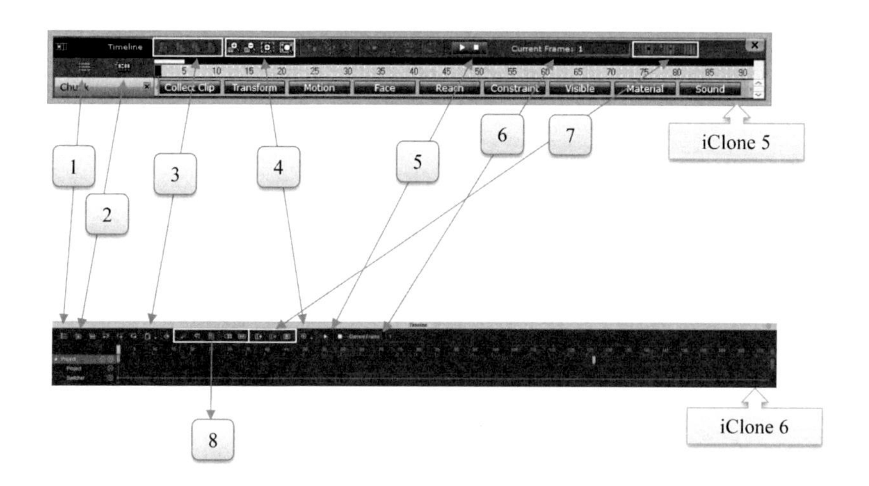

圖10　時間軸介面示意圖

時間軸代號說明：
1. 軌道清單（專案物件軌道所有素材道具清單）.
2. 物件相關軌道（專案內的物件有關聯性）.
3. 剪下/複製/貼上/刪除.
4. 縮放視窗功能（放大或縮小）.
5. 播放暫停軌道.
6. 目前停留影格.
7. 影格工具（插入影格/刪除影格/標記影格）.
8. 音效/唇形編輯器/動作調整器/循環/速度

3-3、iClone解決求助方法問與答

3-3-1、iClone無法順利執行

iClone若無法正常順利開啟原因，可能是顯示卡無法相容或記憶體不足，造成此原因，建議升級配備或增加記憶體容量。或者可依照如圖11的步驟及說明，將iClone重新正常開啟。

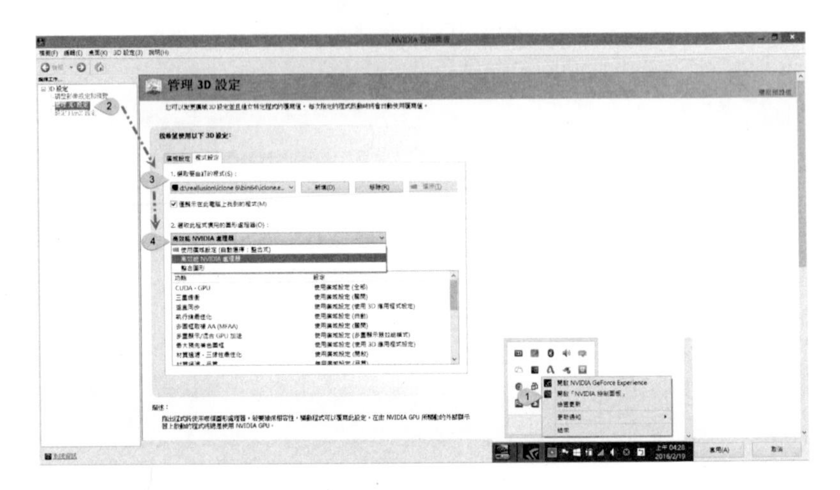

圖11　iClone暨NVIDIA啓動設定流程步驟圖

步驟說明：

1. 請開啟NVIDIA控制面板（NVIDIA Control Panel）；
2. 點選管理3D設定（Manage 3D Settings）；
3. 再Program Setting（程式設定）-Select a Program to Customize（選擇自訂程式）：將iClone AP（通常是需要額外加入）選定；
4. iClone AP 設定之後，請設定Select the Preferred graphics Processor for this Program （選取此程式慣用圖形處理器）中-High-Performance NVIDIA Processor（高效能NVIDIA）處理器，即可

重新開啟iClone。除此之外，若儲存後的iClone專案之後，無法正常開啟時，通常原因是Video Memory不足問題而造成。請關閉其他應用程式AP且釋放記憶體或減低texture Size（輸出Size），再度開啟試試。

3-3-2、iClone 素材相關疑問

若在使用iClone素材或安裝iClone素材會出現以下情況，代表iClone素材可能尚未購買或需要進行下載的情形方式來解決，若已經安裝好的素材，會出現New的樣式，這樣就可以使用素材囉～下表10是iClone素材相關的出現字樣。

表10　iClone素材相關出現字樣

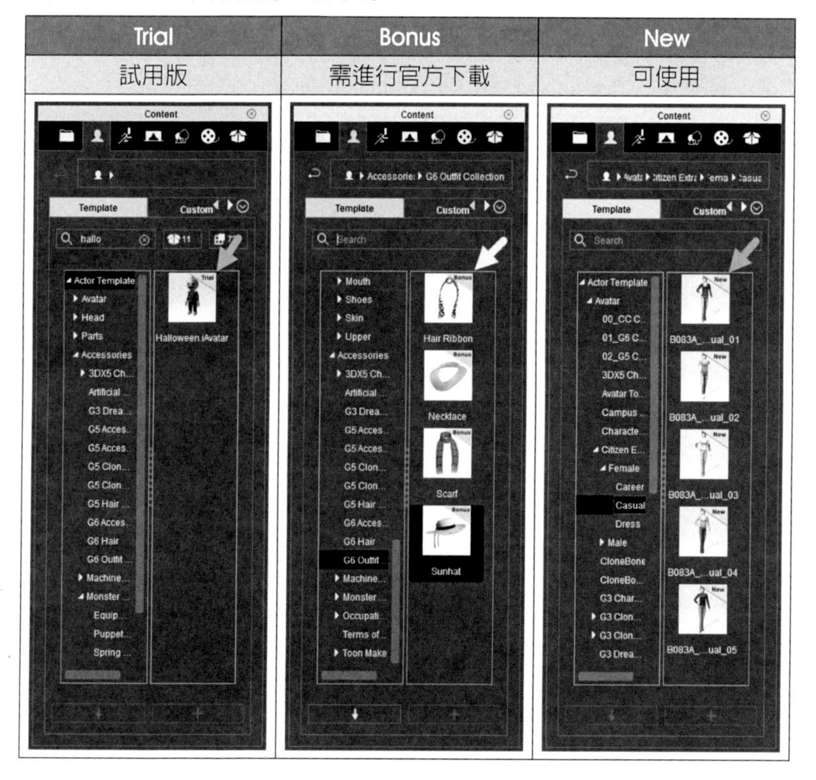

若您的素材是呈現「This file is not compatible with the application（這個檔案與程式不相容）」如圖12所示訊息。此問題是素材檔案損毀造成無法使用，建議您重新安裝iClone 5主程式（更新到iClone 5.51），且建議將素材一併重新安裝。若問題還是無法改善，請將正常的素材進行備份（副檔名.iParticle），取出有問題的素材，路徑：C:\Users\Public\Documents\Reallsuion\Template\iClone5Templeate\iCloneTemplate\Particle，回報給予客服進一步的追蹤，尋求解決方法哦～（建議截圖（含子資料夾））圖13是素材錯誤示意圖。

圖12　This file is not compatible with the application（iClone錯誤訊息）

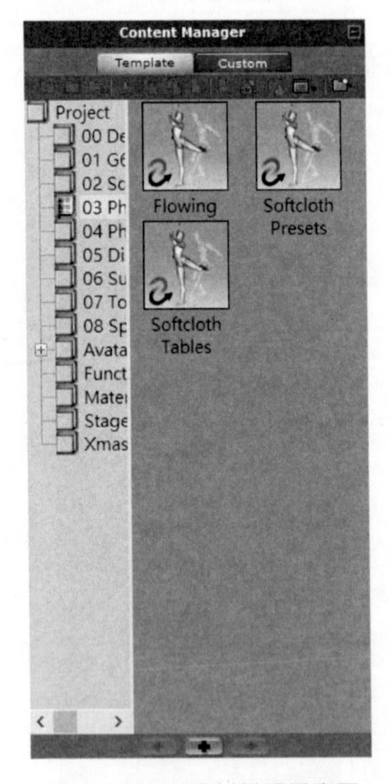

圖13　iClone素材錯誤示意圖

若專案內的素材，呈現出有浮水印「iClone」字樣，如圖14，代表尚未購買iClone相關素材或iClone版本尚未更新到最新的版本，無法正常開啟專案的素材。建議升級iClone版本或購買素材等。

圖14　iClone專案呈現浮水印iClone字樣

此外，若安裝素材副檔名.rld這算是雲端素材下載的主要程式——Installcontent.rld

圖15是安裝Installcontent.rld流程：1.執行InstallContent.rld→2.設定選擇安裝版本（若單一版本可直接按開始安裝）→3.安裝執行。若首次安裝，會出現Reallusion Content Downlode（如A箭頭）請同意。

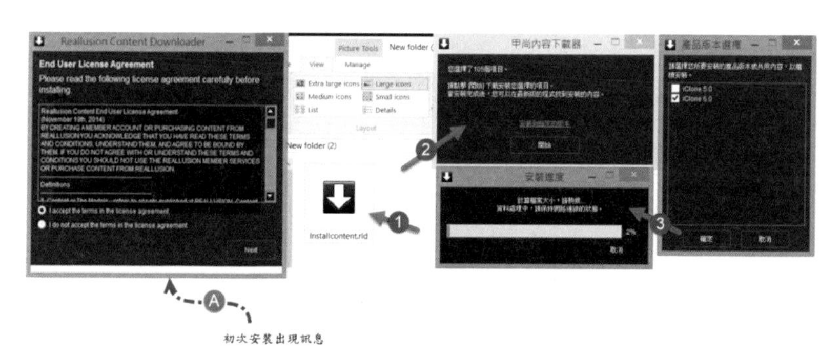

圖15　Installcontent.rld安裝教學

下列訊息是在iClone專案素材相關的訊息視窗說明：

1. Cannot exchange with Differnet Generation.角色年代不同，無法交換。

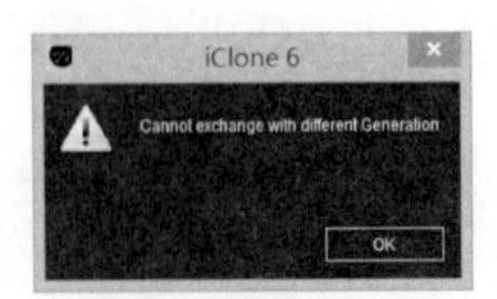

圖16　是角色年代不同，無法交換

2. Failed to load file . This file may be corrupted. 檔案讀檔失敗，可能文件損壞。（圖17）

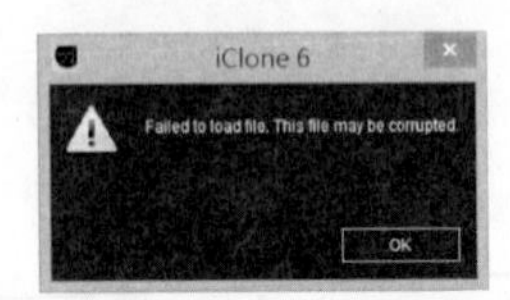

圖17　檔案讀檔失敗，可能文件損壞

3. Only standard characters can swap body parts. Non-standard and no-human Characters do not support this feature. 標準角色只能交換身體部分，非標準角色無法交換人的性格特徵。（圖18）

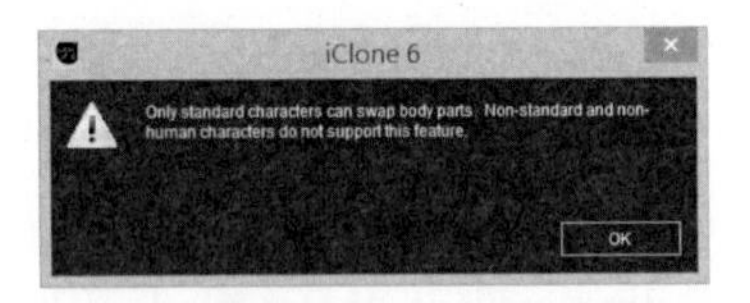

圖18　標準角色只能交換身體部分，非標準角色無法交換人的性格。

4. Avatar Part is not compatible.Source part is saved from G6 Standard. Target avatar is Non-Standard Character.。此角色頭像部分不是Compatible.所有的頭像必須來自G6角色。頭像也是非標準角色。（圖19）

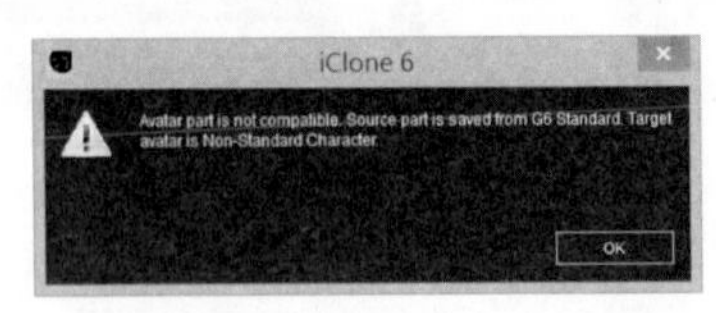

圖19　角色頭像部分不是Compatible，需頭像來自G6角色

3-3-3、iClone 更新相關訊息

若iClone出現產品更新訊息（如圖20），建議您安裝更新，因iClone或其他軟體平台功能，更新之後，可獲得新的功能，提升最快使用品質。例如：iClone 5更新到iClone 5.5時，新增MotionPlus功能且修正一些細節功能等，iClone 6更新iClone 6.4時，可去除現場動畫，且提升儲存布的柔軟度；增加快速鍵F11，顯示（隱藏）功能及修正其他部分功能等問題。建議您，放心的更新，因iClone更新功能及修正的功能多樣化及豐富的新增快速使用功能。

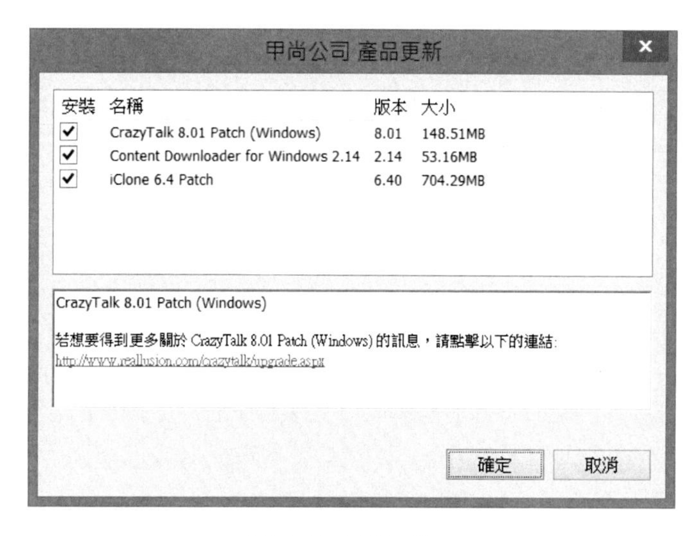

圖20　產品更新示意圖

單元4

iClone魔幻家族
——iClone製作重點功能介紹

4-1、iClone魔幻重點功能——Fuse CC快速創建3D角色

在進行iClone快速創建角色之前，先來介紹一套也是屬於可以創建3D人物角色的平台工具。它是一套快速創建的3D人型角色，也可匯入到PhotoShop進行編輯。絕對要推薦給各位，歡迎使用Adobe Fuse CC，簡稱FS。

圖21　Adobe Fuse CC

Adobe Fuse CC是快速創建3D人物角色模型，擁有以下特性：

特性1. 高品質 3D 內容的資料庫，從臉部、身體到服裝和紋理，快速創建人物。

特性2. 自訂逾 280 個屬性的顏色、紋理和形狀，包括頭髮、眼鏡和服裝布料。

特性3. 輕鬆變更人物大小和比例，而服裝和其他屬性將會自動調整。

特性4. Photoshop CC 增強的「屬性」面板中，使用簡單的滑桿，將人物調整姿勢及製作動畫。

特性5. Fuse CC 創建人物之後，若需要設定骨架，可上傳Mixamo設定人型骨架。

特性6. Fuse CC 創建人物匯出（格式.obj）之後，可透過3DXchange匯入到iClone、Unity等進行使用

擁有上述特性之外，到底如何使用Adobe Fuse CC快速創建人物角色呢？Adobe Fuse CC有哪些魅力所在？及如何進行創建人物角色呢？那就向各位一次性介紹吧！

Adobe Fuse CC有四個創作編修工具——Assemble、Customize、Clothing及Texture。以下是Adobe Fuse CC- Assemble、Customize、Clothing及Texture說明功能介紹：

1. Assemble：角色身體模型素材創建製作。角色模型身體部位素材：HEAD、TORSO、LEG及ARM。
2. Customize：角色身體模型各部位的調整設定或調整膚色色調。
3. Clothing：角色身體模型服裝，包含：帽子、上衣、鞋子等服飾選擇。
4. Texture：角色模型服裝圖層修改或調整色調等。

圖22是Adobe Fusc CC創建角色流程步驟：

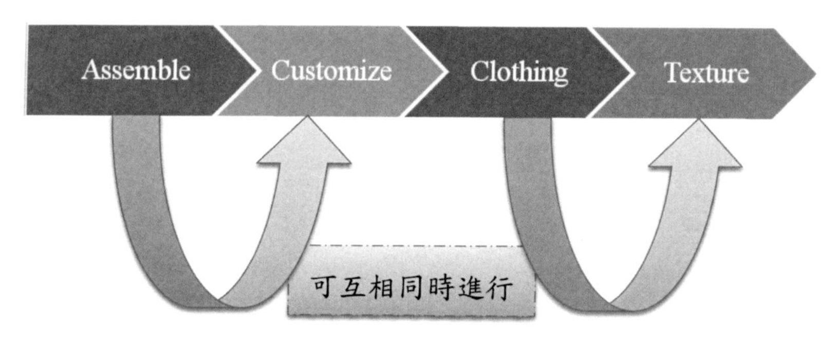

圖22　Adobe Fusc CC創建角色流程

Adobe Fuse CC角色素材包含——HEAD、TORSO、LEG及ARM這四個主要創建角色素材。每個素材，都是依照性別、特徵來作區分（男性、女性及青少年）各類素材。例如：HEAD內建素材總共16個素材庫，依照性別（男性、女性）及特徵來區分素材庫的角色。Fuse CC角色創建素材各總共有16個內建素材進行使用。

表11　Adobe Fuse CC創建角色之身體各部位素材

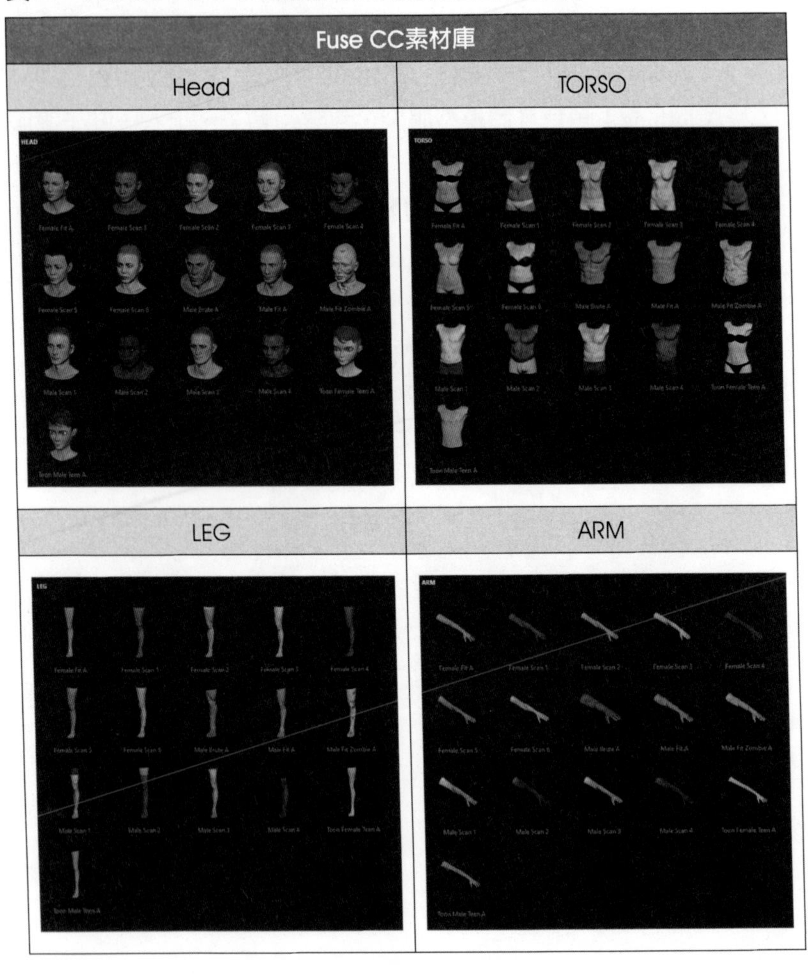

圖23是Adobe Fusc CC創建角色之身體每個部位素材都可進行設定調整，啟動Customize，例如：腳色頭部的頭髮顏色、鼻孔隆起或下場等等的角色部位詳細調整相關設定。

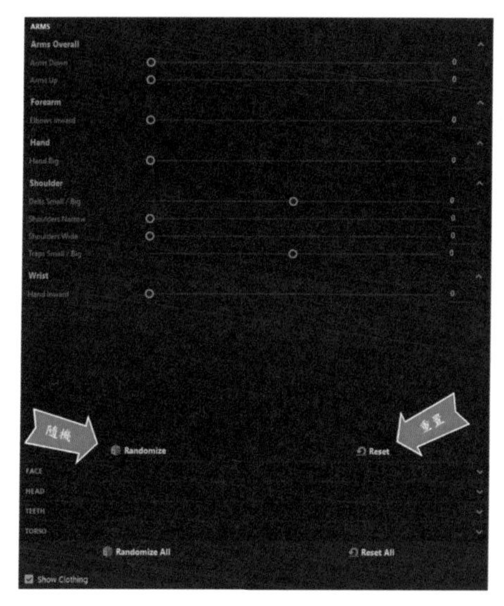

圖23　Adobe Fusc CC 角色調整之Customize相關設定

圖24是調整設定小技巧：用滑鼠點選部位，可用滑鼠左鍵進行修改設定喔！

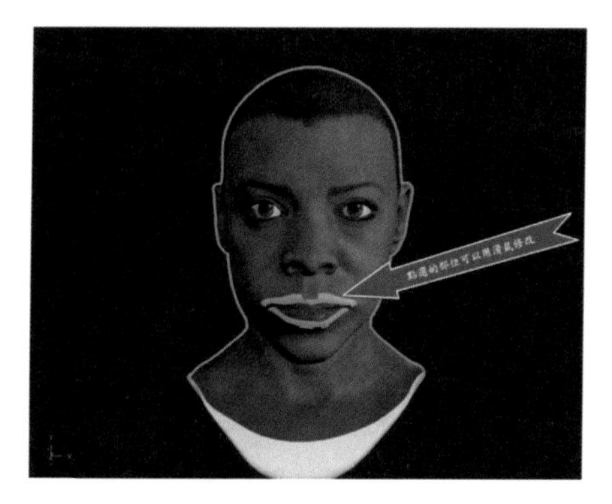

圖24　可利用滑鼠點選臉部五官部位進行調整

創建角色教學流程：

表12 Fusc CC 創建角色教學流程圖（請依照箭頭指示）

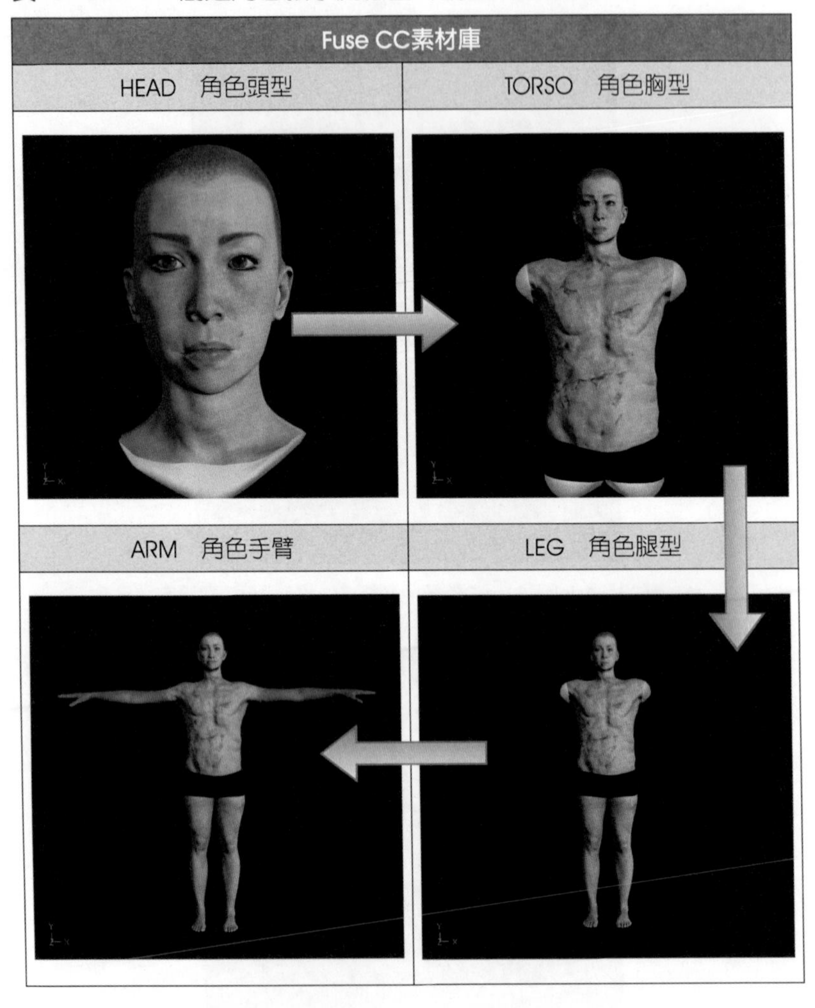

在整體的選定角色身體部位同時，可利用Customize進行設定修改，此外，若角色身體部位不滿意，可重新選取角色喔！

角色身體部位的角色內在美已經選定完成之後，接下來，就是角色的衣服穿著搭配。要如何創建角色的外在美呢？Adobe Fusc CC中Clothing，就是角色的服飾，包含：HAIR（頭髮）、HATS（帽子）、GLOVES（手套）及SHOES（鞋子）等等之類的外在服裝。（圖25）

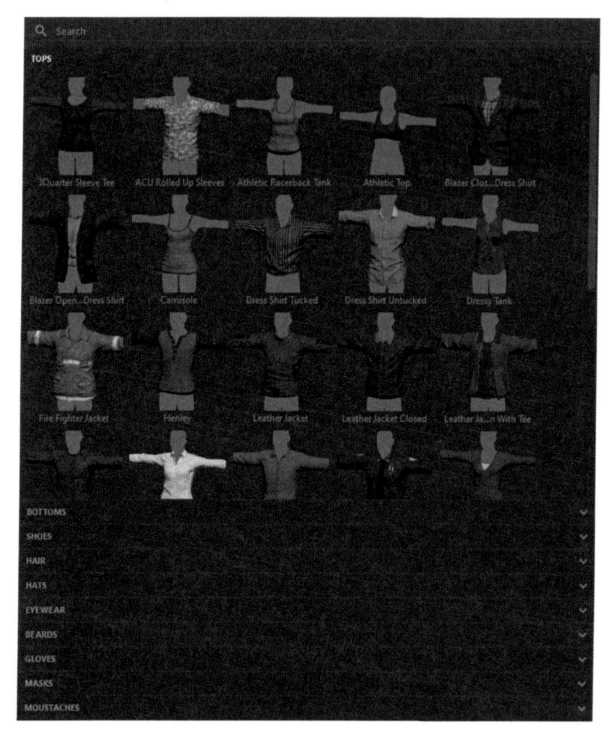

圖25　Adobe Fusc CC-Clothing

圖26是若覺得服飾或服裝上的顏色搭配，不滿意，可進行圖層修改Texture。Texture分成Texture Resolution（圖層解析度）、Basic Parameters（基本參數）：「InputWarp、Strengthen Material Normals、Strengthen Base Normals、Flip Normal Map、Overall Roughness」、Region Scale、Cloth Wear及Detail等相關設定內容。

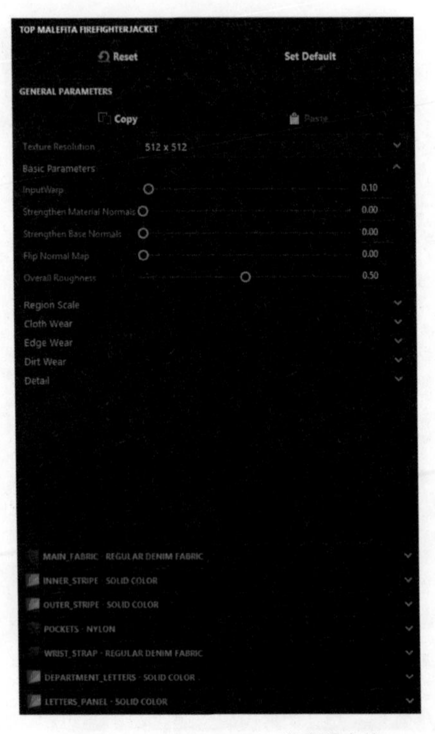

圖26　Fusc CC- Texture修改設定值

此外，Texture提供六種圖層，可進行修改，包含：SYNTHETIC、PATTTERNED、METAL、SOLID Color、FABRIC及LEATHER。

圖27　Texture六種圖層樣式選擇

利用Adobe Fusc CC 創建好角色之後，接下來進行設定骨架的部分。將人物角色直接上傳Mixamo進行儲存。Mixamo早已被Adobe併購，可使用Adobe帳戶進行登入上傳哦！（圖28）

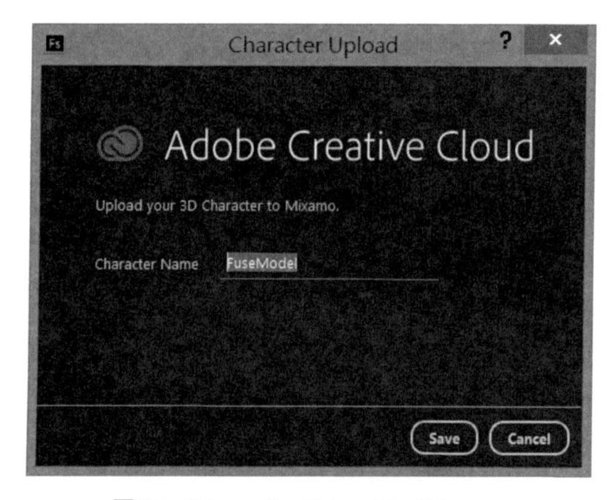

圖28　Character Upload to Mixamo

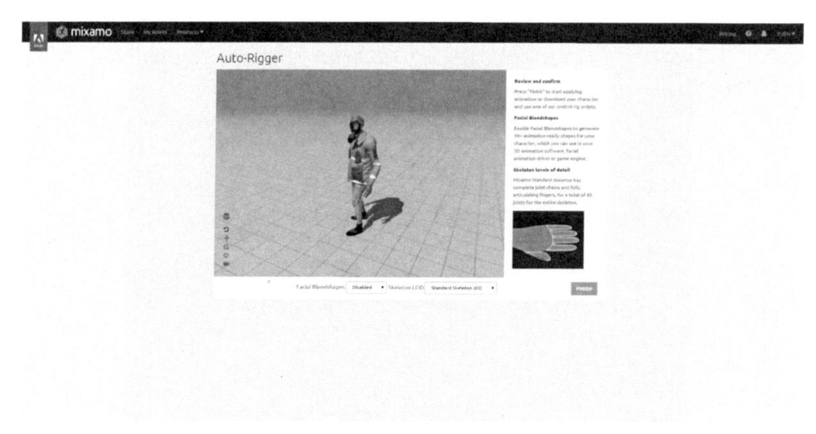

圖29　3D Character上傳到Mixmao（會動喔）

創建3D角色人物之後，能不能匯出到其他平台進行使用？答案是可以，因格式.obj。圖30可在Export options進行相關設定，在Fusc CC創建後的角色，擁有兩種匯出方式：Export Model as Obj及Export Texture（圖31）。眾多人都將創立好的角色，直接執行「Export Model as Obj」，並可匯入到Photoshop進行編輯修改調整等。

圖30 Export Options

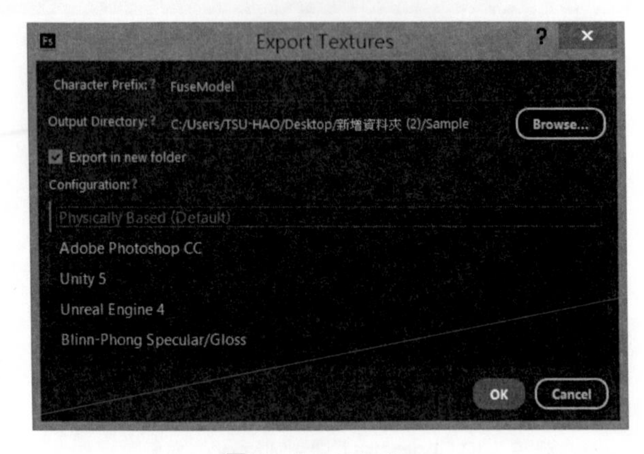

圖31 Export Textures

Fusc CC 3D模型角色中Texture，除可匯入到Photoshop之外，也可進入到Unity 5或Unreal Engine 4進行使用。

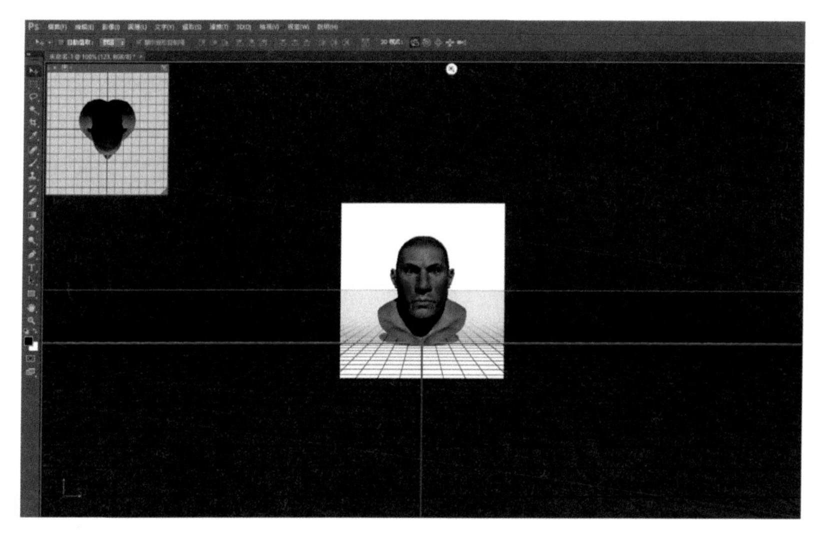

圖32　Fusc CC 3D模型匯入PhotoShop編輯畫面

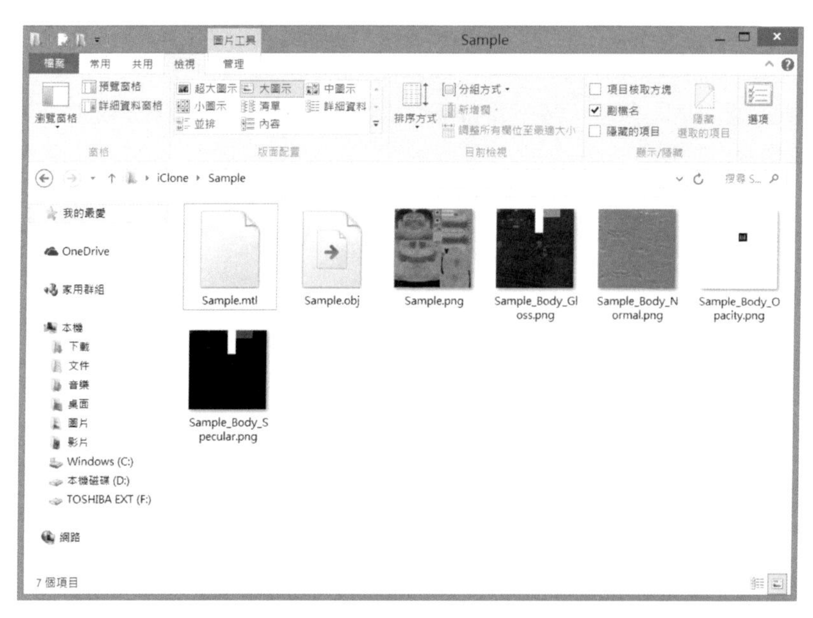

圖33　Fuse CC 角色匯出之資料檔案夾

4-2、iClone魔幻重點功能——iClone 6快速創建3D角色

iClone除擁有多樣化且豐富的素材庫之外，也可創建3D角色（3D Characters）叫做「iClone Character Creator」，簡稱iClone CC。（圖34）

圖34　iClone CC

先來介紹，如何使用iClone CC進行快速創作的3D人型聲明：圖35是iClone CC操作功能，圖中裸體是iClone CC角色的素材，創建角色人型的基本角色，請不要有任何異樣的眼光看待，這絕對是CC的創作素材基本套件。

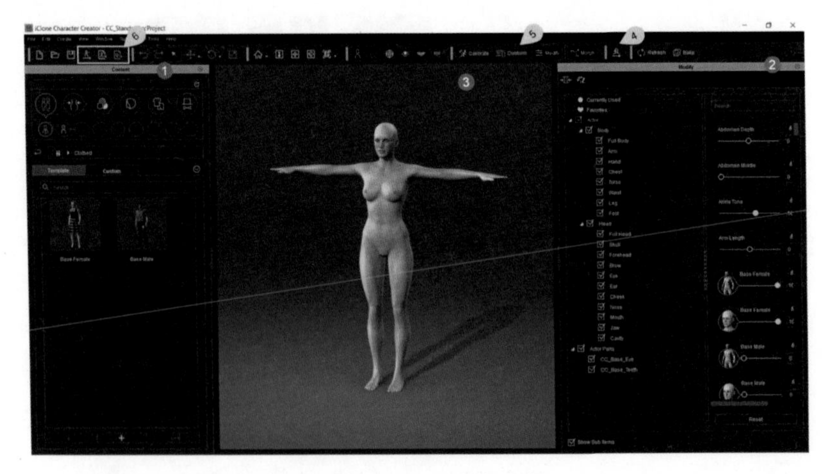

圖35　iClone CC操作功能

1.Content 內容管理員

圖36是iClone CC Content各項功能，如：角色專案、身體型態等，A至F是說明iClone CC Content。

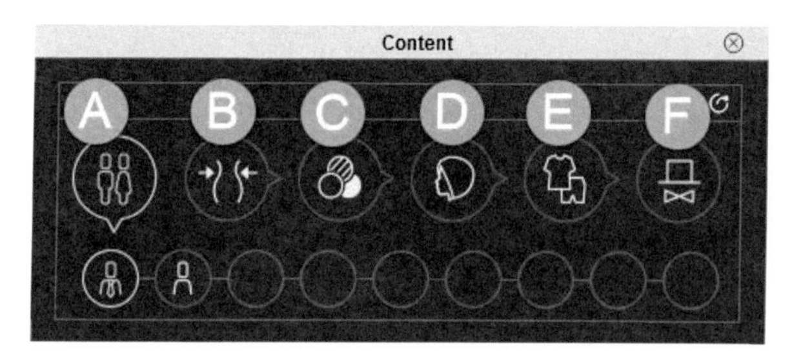

圖36　Content內容管理員之各項說明

A. Acter Project角色專案：素材內分別為已經建立好的整體角色及CC基本創作3D人型角色（素色）。

B. Morphs身體型態（含臉部五官）：素材內分別有全身、頭型樣式（男生頭或女生頭）、身體（男生身體或女生身體）、牙齒及眼睛。

C. Skin膚色（含頭部膚色）：黃種人或黑皮膚等等。

D. Hair頭髮：短髮或長髮等。

E. Cloth服裝：角色人型內衣（男性內衣、女性胸罩）內褲或外衣（上下半身）外褲等等多樣化的服裝素材庫。

F. Accessory配件：帽子、太陽眼鏡等等素材庫。

2.Modify調整

圖37是iClone CC Modify調整功能，可進行調整身體型態（Morphs）

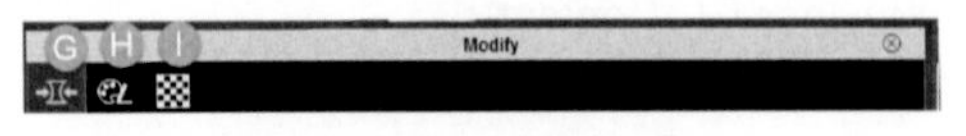

圖37　Modify 調整功能

G. Morphs 型態：3D角色調整身材變樣，例如：可將角色手指進行數值上的微調，調到屬於自己的滿意程度。（圖38）

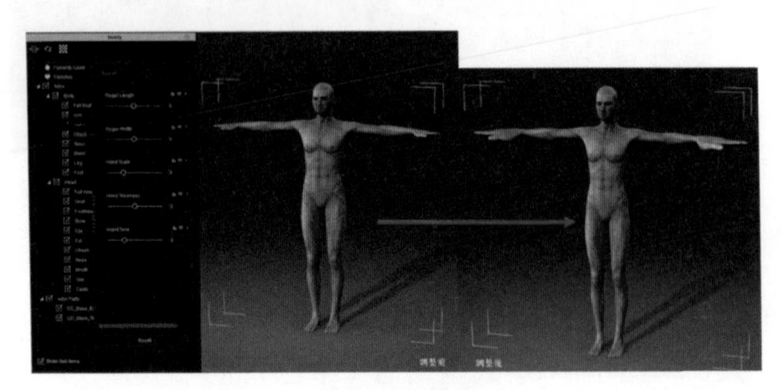

圖38　Morphs 身體形態

H. Appearance外表：角色外表調整，啟用Activate Appearance Editor（紅色箭頭），切換至各項外表調整指標，例如：膚色調整，再執行Unload Appearance Editor即可完成修改設定。（圖39）

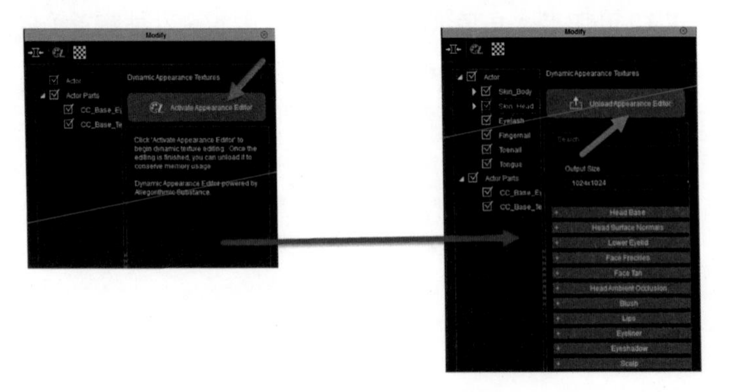

圖39　Appearance 修改設定

I. Material貼圖設定：可使用外部貼圖或內部修改貼圖調整，若要貼圖質感，推薦使用Substance Designer圖層工具。（圖40）

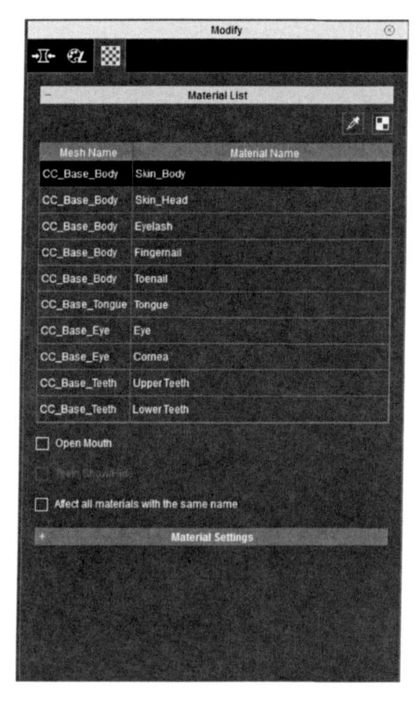

圖40　Material　貼圖設定

3.Pack Mode角色創建模式

圖41是iClone CC創建模型之後，所呈現結果。

圖41　Pack Mode角色創建模型

Generate Head from Photo 創建臉部來自圖片

iClone CC是一套創建角色的快速創作工具。唯一最強的特色功能是結合Crazy Talk 8進行創作建立角色頭型。Cray Talk 8（圖42）是角色頭型的創作，可直接透過外部臉部圖庫匯入（圖43）且進行創作角色頭型。

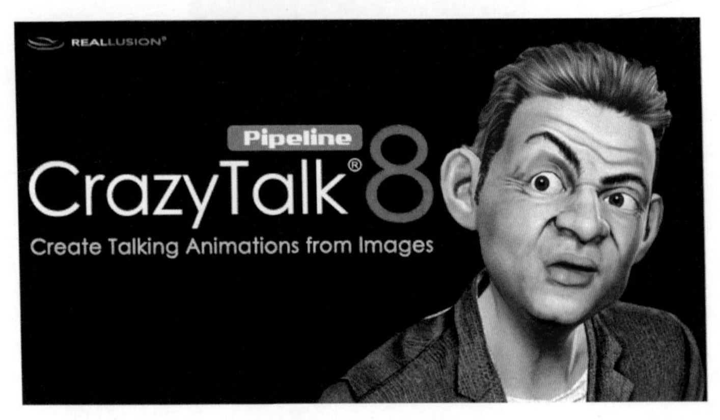

圖42　Crazy Talk 8

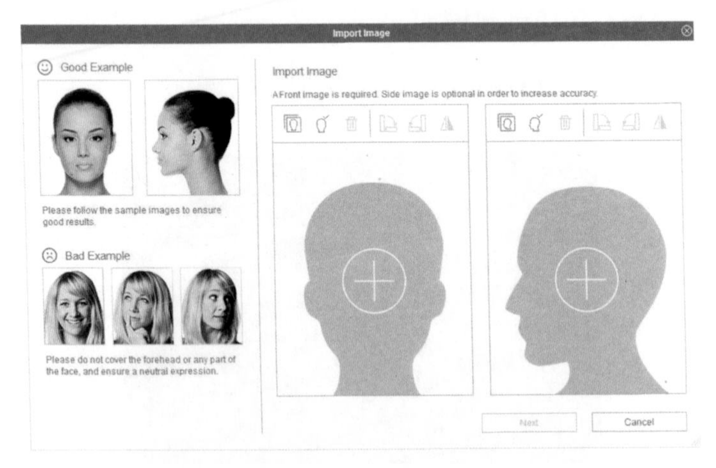

圖43　Crazy Talk匯入臉部圖庫之正臉照及側臉

除使用Crazy Talk 8之外，也可透過Reallstic Human（圖44）來進行換角色人型3D頭部的變化，那麼該如何進行使用呢？Reallustic Human能支援且運用到Character Cheator （CC）、iClone 6及Crazy Talk8之3D頭型素材包。但是，在套用頭型角色的過程中，方法卻不同，例如：要在Character Cheator進行臉部換頭型的方式並須從資料夾匯入；要在iClone進行臉部換頭型直接點選Reallstic Human就可使用。此方法各列圖示說明

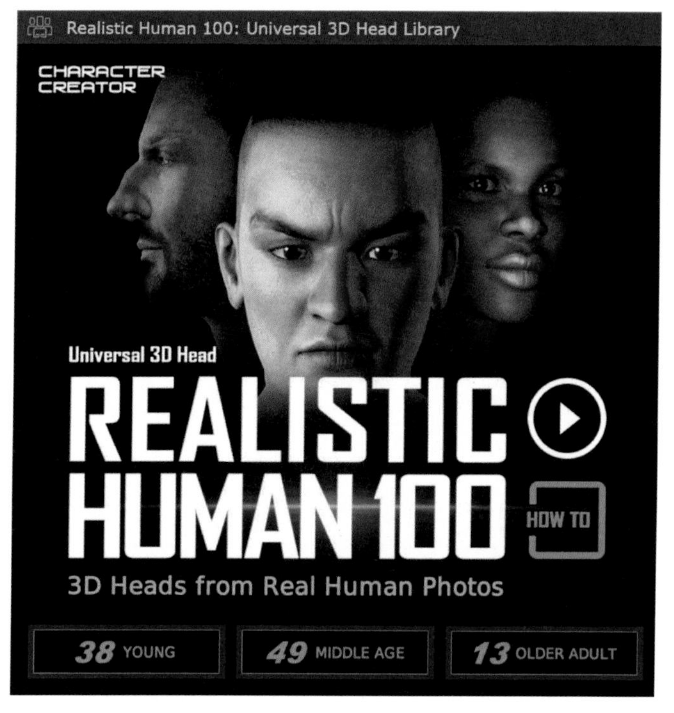

圖44　REALISTIC HUMAN 100　　擷取Reallusion Content Store

先來說明當安裝Realistic Huamn 100完成後，在iClone位置圖並如何進行換3D角色的頭型說明：安裝完Realistic Huamm 100位置會在Actor → Head → RL Head → Realistic Huamm（如圖45及圖46，綠色箭頭表示）

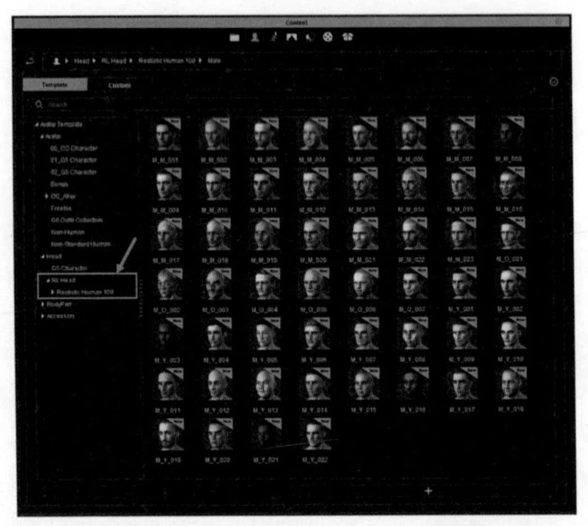

圖45　Realistic Huamm-Male位置圖

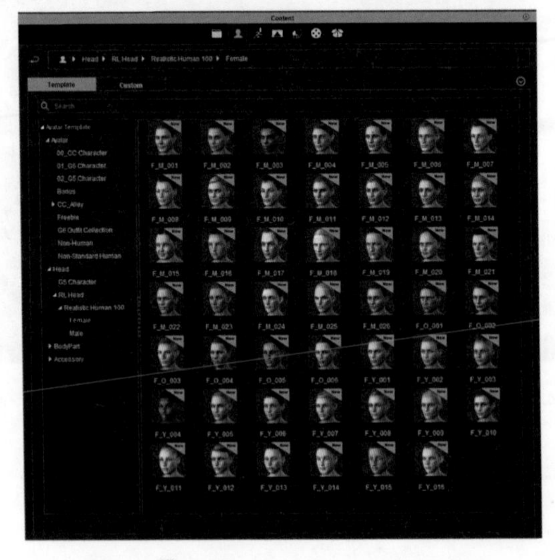

圖46　Realistic Huamm-Female

要如何使用Realistic Huamm 3D人物頭型呢？在進行3D人物頭型角色套用前，iClone的人物素材G5、G6及CC都可使用Realistic Huamm。圖47是如何在iClone使用Realistic Huamm說明：在Content Manager內找Realistic Huamm並拉一個喜愛角色頭型（1.）並套入會出現RLHead Import Options訊息框（2.），最後成功變換3D人物角色頭型（3.）。（註：RLHead Import Option 訊息框說明是可選擇匯入Head Morph及Texture（包含Head或Body）。）

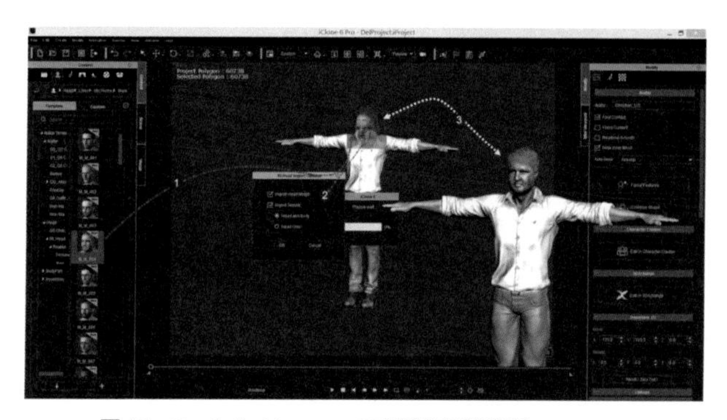

圖47　Realistic Huamm 3D頭型套用說明_iClone 6

另外，圖48是在iClone CC使用Realistic Huamm 3D，並須從外部資料夾匯入（D:\Reallusion\Shared Templates\RL Head\Realistic Human 100\Male）。

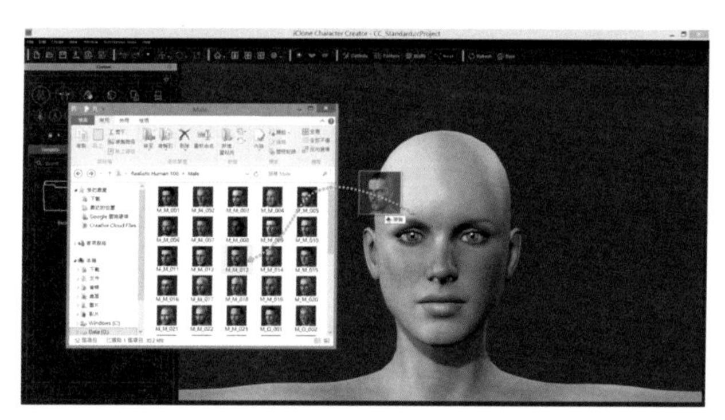

圖48　Realistic Huamm 3D　頭型套用說明_iClone CC

Conform Clothing：服裝設定

Calibration角色姿勢設定——創作人型角色可調整角色服裝相關設定及該角色的姿勢動作設定且套用。

表13　Conform Clothing暨Calibration示意圖

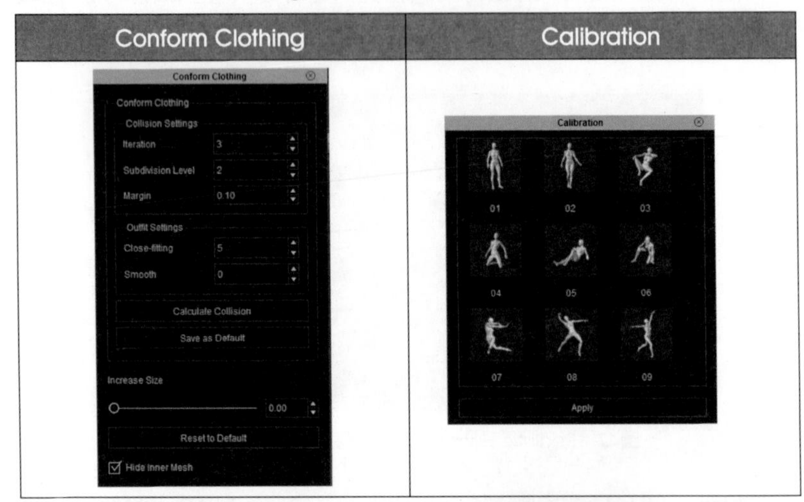

Export CC

整體創作完成3D角色人型之後，可迅速傳到iClone 6創作平台使用、匯出成.iAvatar（iClone角色格式）或匯出成obj角色模型格式。

整體介紹，如何運用iClone CC進行創作角色的相關說明之外，iClone CC媲美創作素材多樣化創造力的自行創作角色素材庫喔！

4-3、iClone魔幻重點功能——攝影機

在學習iClone任何創作版本，攝影機是一件非常重要的事情，因創作的動畫在整體鏡頭流暢度絕對會有關。iClone調整攝影機，可使用iClone所提供的iClone Camera 預設功能（紫色箭頭）或調整Camera相關數值設定（橘色箭頭）喔！（圖49）

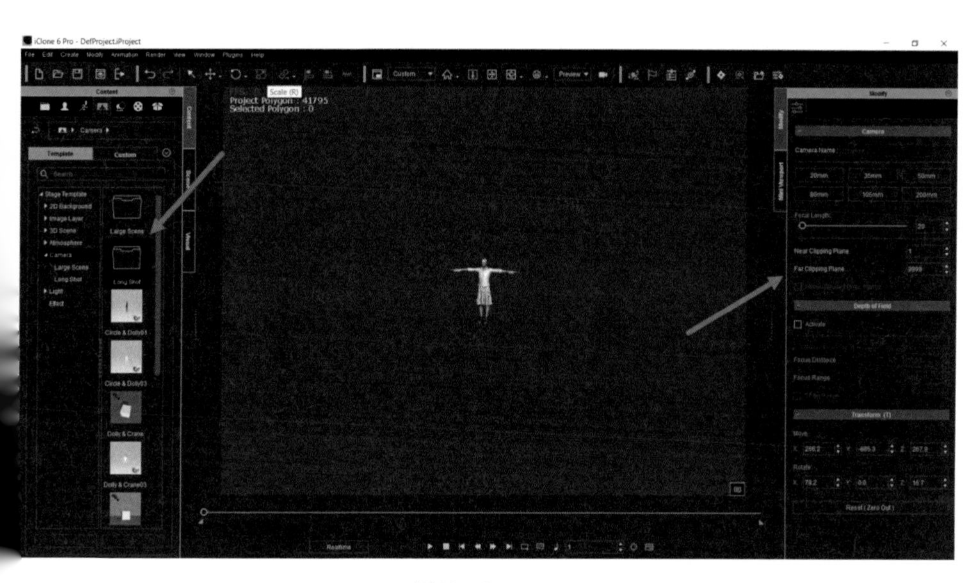

圖49　Camera

若使用iClone 所預設的Camera，提供場景攝影及物件攝影功能（表14）。場景攝影機包含Large Scene（Extrem Larage Scence、Larage Scence及Medium Scence）及Long Shot（Extrem Long Shot01、Extrem Long Shot 02、Long Shot 01、Long Shot 02）；物件攝影包含Dolly Pan、Spiral、Switch Cam、Dolly & Crane等等相關預設攝影機。

表14　場景攝影機暨物件攝影機

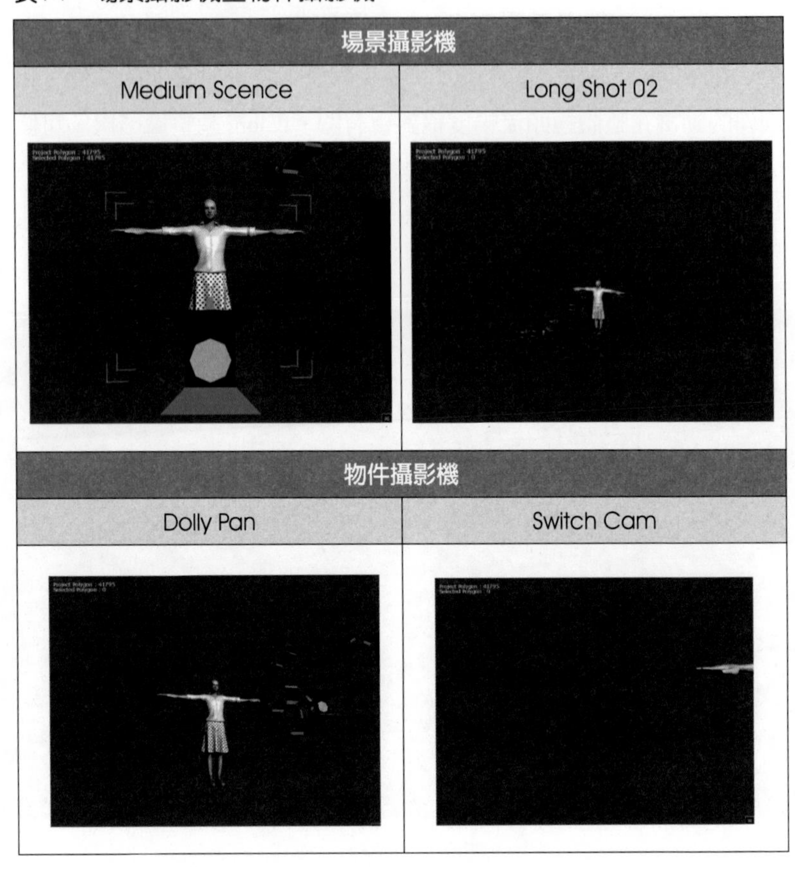

場景攝影機	
Medium Scence	Long Shot 02
物件攝影機	
Dolly Pan	Switch Cam

若要自行調整攝影機，請至攝影機調整功能（橘色箭頭），該如何進行調整攝影機相關設定呢？在iClone Camera距離最遠的鏡頭是20mm，最近的鏡頭200mm以上，也就是說，鏡頭拉遠，物體越遠；鏡頭拉近，物體越近（如特寫）。Focal Length：Camera距離設定。（圖50）

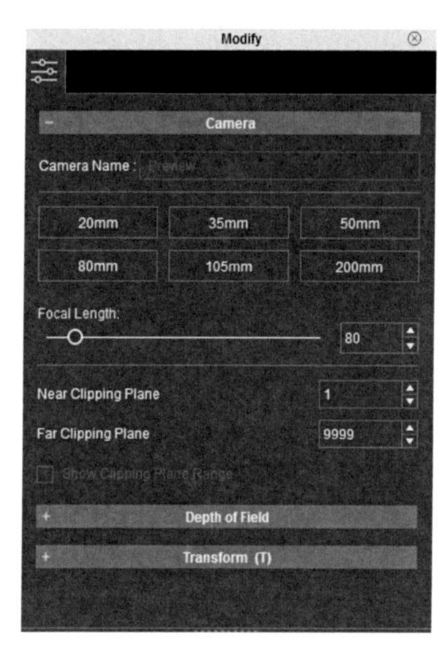

圖50　Camera攝影機設定

表15　Camera鏡頭效果呈現圖

20mm	50mm	100mm	800mm
遠	遠至近	中	特寫

此外，若想要在創作完整呈現鏡頭的流暢度，可以切換攝影機！切換攝影機是iClone迅速切換的好工具，在時間軌道-Switcher（圖51）上，滑鼠右鍵點選Camera List，Camera List就會有Preview Camera、Cirde Dolly01等所在iClone置入Camera之使用鏡頭清單，可自由切換Camera。攝影機（圖52）可座標移動位置。

圖51　Switcher Camera

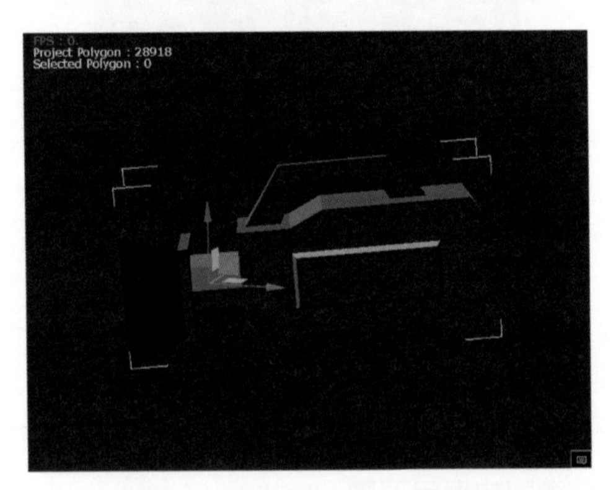

圖52　Camera座標移動（可旋轉）

4-4、iClone魔幻重點功能——路徑

在iClone路徑設定中，除iClone預設路徑（Circle、Helix、Hexagon、Orbit、Star）之外，也可進行編輯路徑（Edit Path）圖53。圖54是如何讓物件能夠依照路徑的方式動作教學示範。

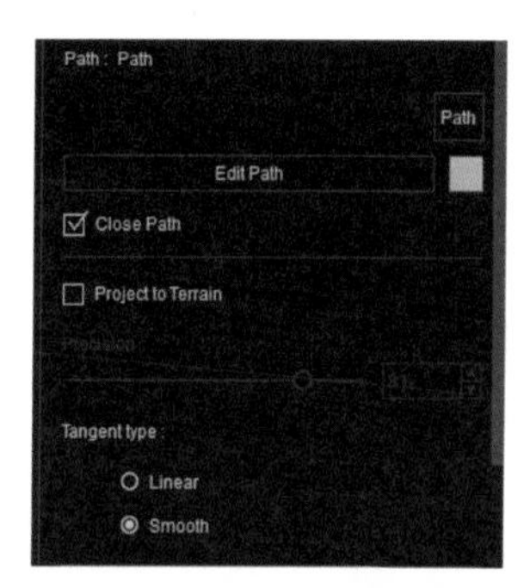

圖53　Path路徑相關設定

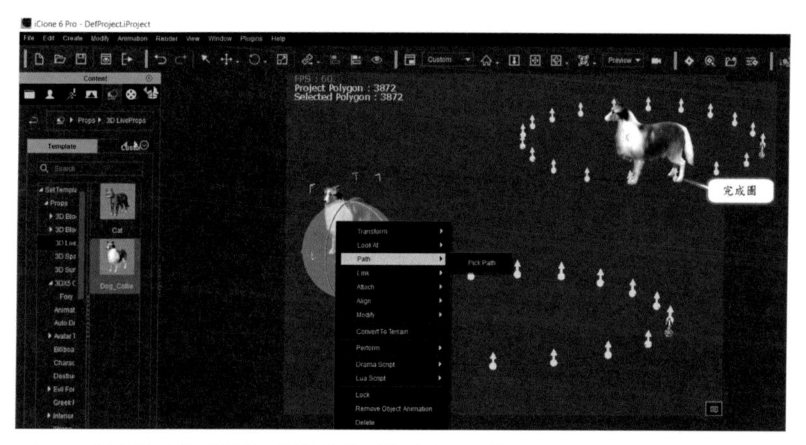

圖54　路徑設定教學示範：點選物件且滑鼠右鍵→選擇Path→Pick Path（起訖）點

4-5、iClone魔幻重點功能——粒子特效

iClone動畫世界裡，粒子特效（圖55），是一種物件效果特效。可帶動整體的創作效果，例如：水中的煙霧、環境的霓虹燈、文字粒子、爆破、秋天的楓葉等等，這些都是粒子特效的效果，可在創作動畫的時候，增進動畫的風趣暨動畫效果創作內容等。請多利用Emitter Settings 進行粒子相關設定（圖56）。

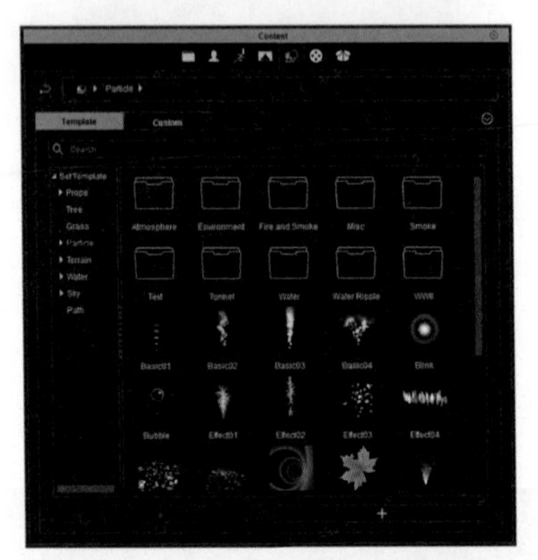

圖55　Particle粒子特效

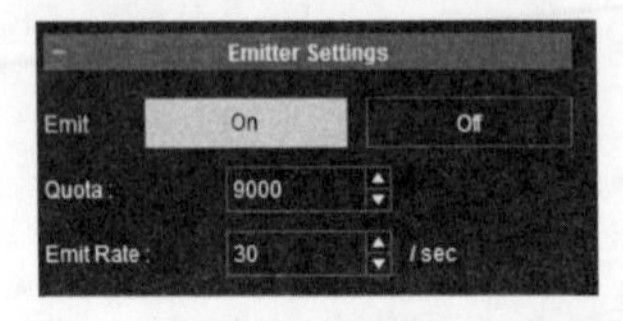

圖56　Emitter Settings粒子開關器

圖57　粒子特效示範

4-6、iClone魔幻重點功能——增加約束器

在iClone動畫世界裡，若要將物體（立體實體物件）進行搖擺或像鐘一樣的擺盪的效果，是可以做的，只需要透過iClone所提供Constraint約束器（圖58）功能。Constraint（約束器）功能包含:1.Hinge（軸）、2.Spring（彈簧）、3.Point to Point（點對點）、4.Cone Twist（角錐）、5.Slider（滑塊）及6.Generic（六軸通用）之Constraint（約束器）功能。

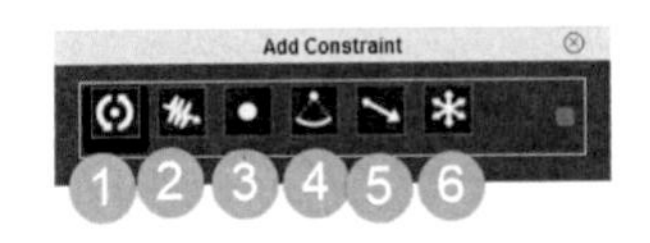

圖58　Constraint

- Hinge教學示範：

  1. 選擇一個積木體（積木縮放成大小）；
  2. 開啟Activate Physics（Modify/physX）；

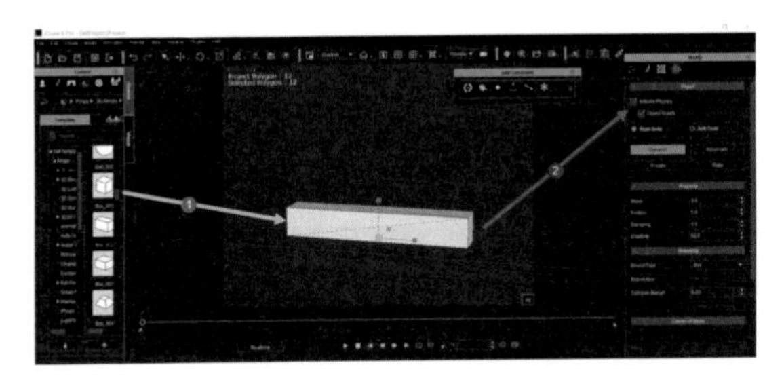

  3. 將Hinge放入積木表面；

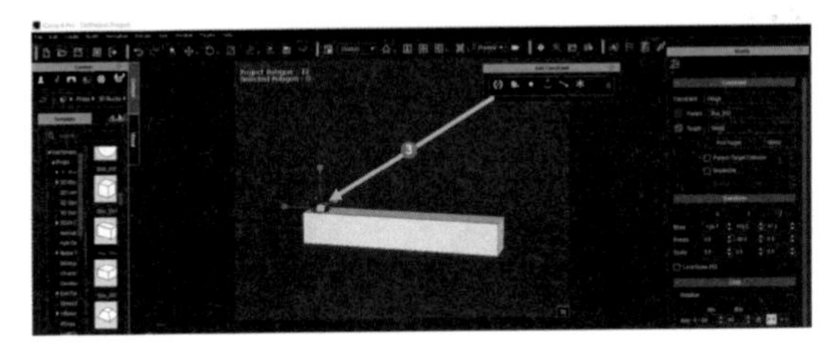

4. Hinge旋轉且移動適當位置；

5. 完成。

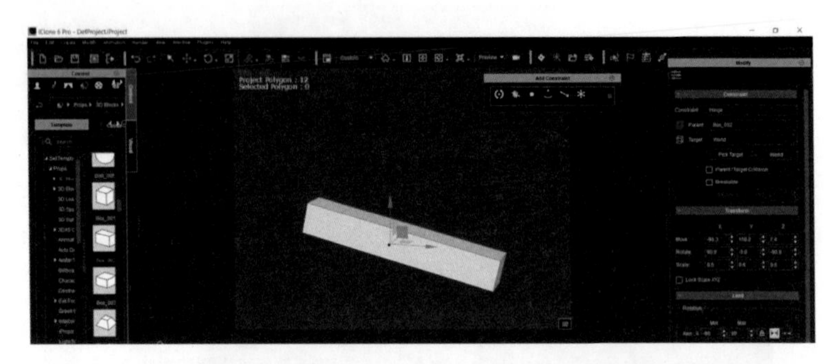

說明：若要將擺盪晃動更大的時候，請設定Max Force（數值調高）即可！

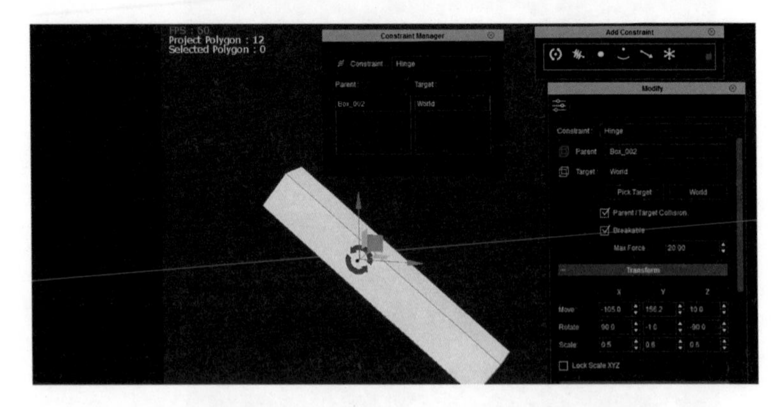

Constraint Manger是Constraint管理，可看出物件的情況喔！

4-7、iClone魔幻重點功能——Avatar Controller

在iClone世界中，若要將非人型角色的進行臉部表情表演或其他子物件的動作，是可以做得到的。因只需要安裝Avatar Controller Plug-in進行表情表演動作相關等等。Avatar Controller（表16）控制表情動作（包含：Expressions、Eyes、Brows、Ears）可用在Toon Maker及Avatar Tookit內建角色各類五官的模型哦。

表16 Avatar Controller 控制器操控指令

Avatar Controller控制器	
	Avatar Controller 控制器各項操作指令 1. Expressions 2. Eyes 3. Brows 4. Ears 5. Others 6. 操控點（操控表情動作） 7. Record 錄製 8. Add key約束 9. Rese Pow重置動作

圖59 Avatar Controller控制角色示範

4-8、iClone 魔幻重點功能
——VR360°暨MixMoves Communication運用

蝦米！iClone也可輸出成360°VR動畫效果影片（圖61），是的，不要懷疑！iClone確實可以輸出成VR 360°效果影片喔！但在進行輸出成360°VR視覺效果是需要注意記憶體需擴大且iClone、3DXchange 6.5及iClone CC必須是6.5版本以上才能進行使用。

要如何將輸出成360°VR 的視覺效果呢？請點選Render在Format點選Video並在Panorama（圖60）啟用**Enable 360°Panorama**的功能（綠色箭頭表示）。是不是發現到一件很奇妙的事情在Format選項中除WAV及PopVideo未支援360°VR之外，AVI、WMV、MP4及MOV格式都支援並能夠輸出成360°VR視覺效果，若勾選MP4可上傳Youtube或Facebook（紅色箭頭表示）。

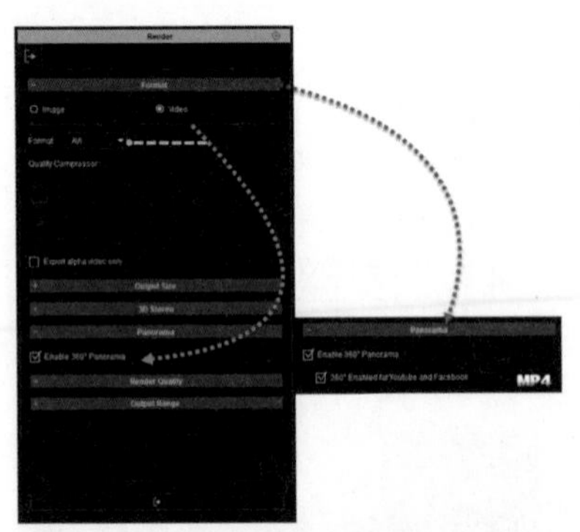

圖60 Clone 6.5 VR 360°輸出設定說明

圖61　iClone 6.5 VR 360°輸出視覺呈現圖

若再撥放iClone VR360°視覺效果，若呈現「您電腦的可用記憶體不足。請結束其他程式，然後再試一次。」的訊息（圖62），建議您先將不需要記憶體刪除或清除，並釋出一些記憶體給予播放。

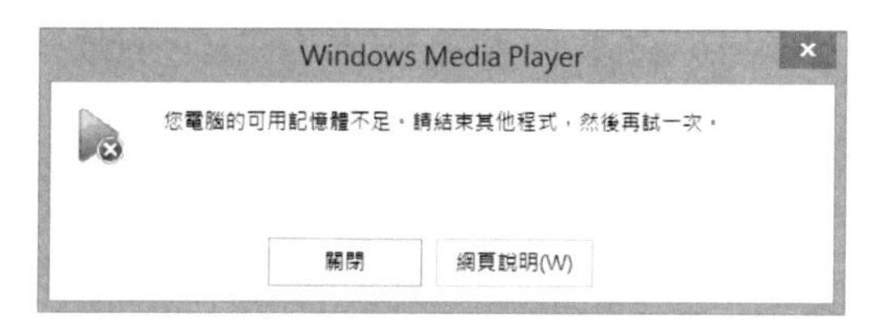

圖62　記憶體不足訊息

再來介紹，除能夠將iClone發布成VR 360°功能之外，還有一項功能是非常有即時Motion套用——「MixMoves Communication」。MixMoves Communiation是在iClone 5早已有這項功能，至今在iClone 6持續也有並針對iClone CC的版本進行快速套用的功能。MixMoves Communication是非常好用的一項動作功能，方便並使角色快速的任何動作。

表17　MixMoves Communication CC角色示範

MixMoves Communication　示範　使用角色CC			
Explain	Agree	Depreesed	Happy

4-9、延伸學習
——Leap Motion在Unreal Engine 4互動設定

Leap Motion在開發上，非常廣泛。目前，很多開發上的應用都搭配Leap Motion此款手勢追蹤設備，進行追蹤。例如：互動體感遊戲、VR互動體感遊戲、3D醫療使用等等。這樣的多層次手勢互動設備的內容，都搭配Leap Motion製作出來的相關應用。以下是在使用在Unreal Engine 4啟動Leap Motion追蹤執行任何互動手勢之教學示範。

若要在Unreal Engine 4啟動Leap Motion追蹤執行任何互動體感專案，請先務必知道三件事情。

1. Leap Motion必須是 2.2版本（以上），圖63所示。
2. Unreal Engine必須是Unreal Engine 4.9（以上），如圖64所示。
3. 支援Windows 7、Windows 8及Windows 10以上版本（Mac及Linux不支援）。

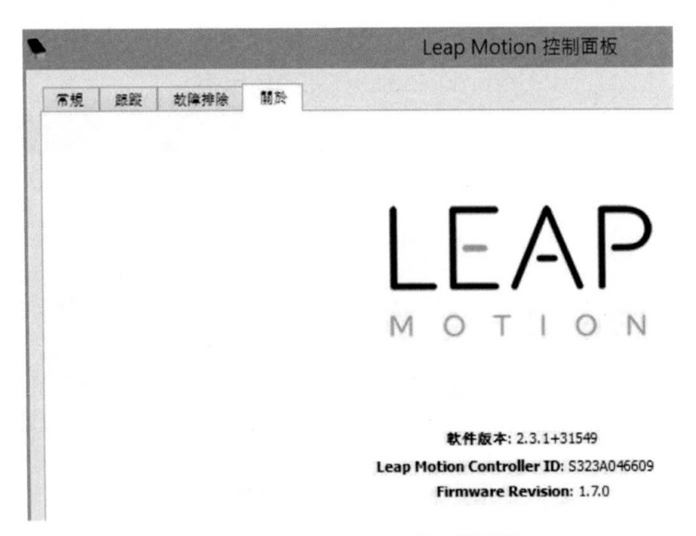

圖63　Leap Motion 2.3.1版本示意圖

圖64　Unreal Engine 4.10.1版本示意圖

- Leap Motion for Unreal Engine教學示範

請先執行Unreal Engine 且建立空白專案（或開啟專案），並啟動空白專案。（圖65）

圖65　建立專案

再來，下載Leap Motion for Unreal Engine Plug-in網址：https://github.com/getnamo/leap-ue4。

下載完之後，將Leap Motion for Unreal Engine Plug-in複製在Unreal Engine專案資料夾裡面，圖66所示。

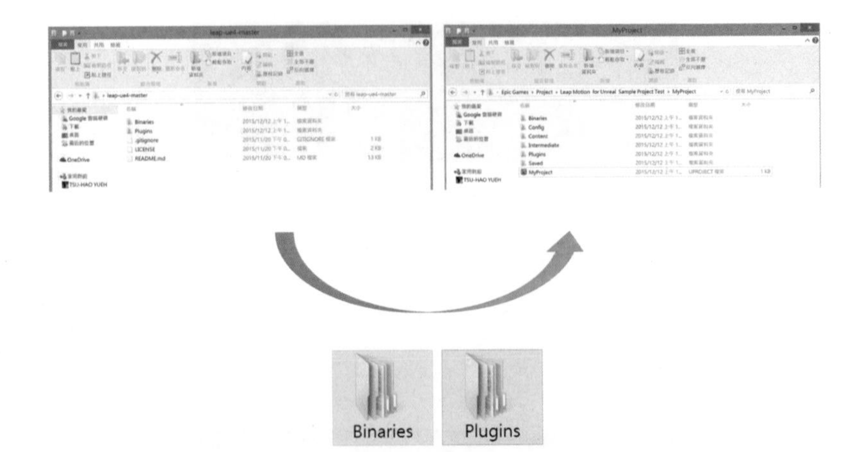

圖66　Binariesr及Plugins設定教學，將<u>Binaries</u>及<u>Plugins</u>兩個資料夾複製並貼上至專案位置。

回到Unreal Engine 專案，請先查看Leap Motion Controller Plug-in 是否已經成功匯入及啟動。（圖67）

查看Plug in路徑方式：Edit → 點選 Plugins → Input Devices或搜尋框中輸入<u>Leap Motion Controller Plugin</u>

圖67　搜尋Leap Motion Controller Plugin路徑模式

請在Unreal Word Setting → Game Mode設定值修改3個地方

1. Game Mode Override輸入「Render To Texture_Game」。
2. Default Pawn Class輸入「Leap Collison Character」。
3. Player Controller Class輸入「VR Player Controller」。

修改設定值如下圖所示

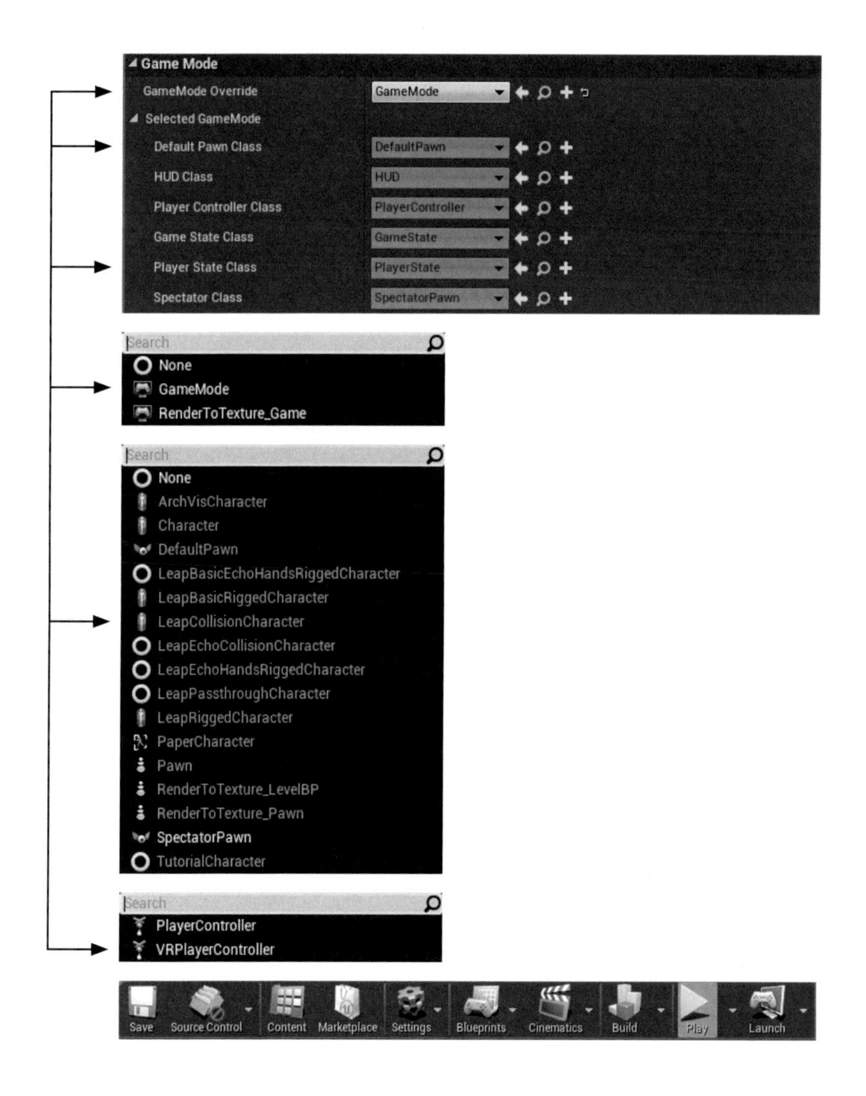

若已經修改完之後，可按Unreal上的編輯視窗Play功能進行測試。示範結果如下。（圖68）

圖68　Leap Motion for Unreal Engine結果圖

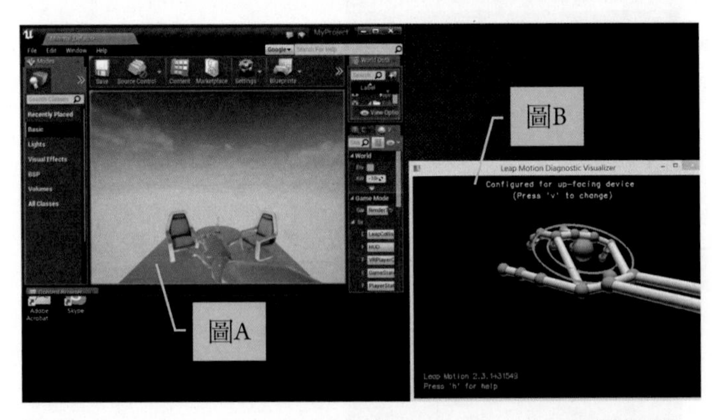

圖68　Leap Motion for Unreal Engine及Leap Motion Visualize同步結果。
圖A是Leap Motion for Unreal Engine在Leap Motion結果圖；
圖B是Leap Motion Visualize與Unreal Engine同步Leap Motion Visualize。

除了，Leap Motion for Unreal Engine使用之外，Leap Motion Controller與Unity進行使用。但前提是Unity 5.0（建議使用Unity 5.3以上）及Oculus VR進行使用。

單元5

iClone魔幻家族——3DXchange重點功能

5-1、3DXchange快速功能介紹

3DXchange是一套物件角色轉換平台的系統工具，任何角色或模型透過3DXchange平台進入轉換，轉換過後，可匯入到iClone或其他第三方開發平台，例如：Unity、Maya、3Ds Max、Unreal等等匯入使用。此外，3DXchange分別有Standard（標準版）、PRO（專業版）及Pipeline，建議使用3DXchange Pipeline版本。因3DXchange Pipeline可同時輸出及同時輸入模型角色到各平台地方，只要支援.Obj、.FBX及.bvh格式都可進行。也就是說，.FBX匯入到3DXchange Pipeline進行轉換（調整骨架）可匯入到iClone進行使用；相反地，iClone任何角色素材匯入到3DXchange Pipeline也可匯入到Unity進行使用。圖69

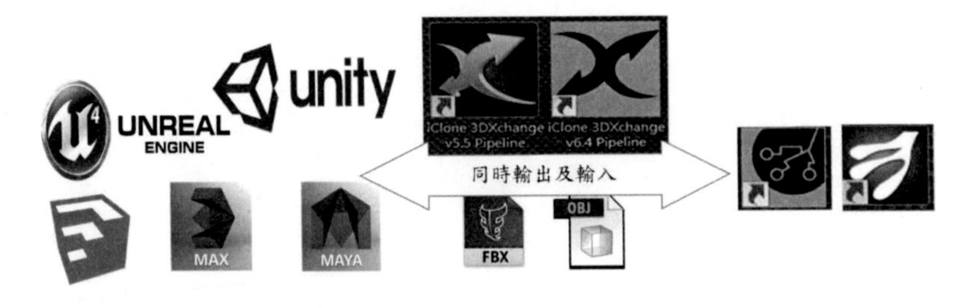

圖69　3DxChange角色模型轉換轉出模式

此外，3DXchange素材來源也很廣泛，除了可利用3Ds Max、Maya進行創建模型之外，也可從線上去下載（如：Google 3DWarehouse、DAZ 3D Studio等等）模型匯入3DXchange進行物件轉換平台。將iClone匯出成.Obj，可用外部軟體（例如：Zbrush、Photoshop、Maya、3Ds Max及Sketchup等等進行編修貼圖或雕塑模型。

若提到3DXchange 功能（圖70），只能說是一件很驚喜的饗宴，從3DXchange 4、3DXchange 5，至今推出3DXchange 6的功能是一件重大性的突破功能且絕對會非常興奮不已。3DXchange 5提供創作角色臉部表情（含骨架、變形及混合型）功能且利用直覺的「表情編輯器」可自行定義臉部動作（含頭部、眼睛、下巴、嘴型、臉部肌肉及自訂表情等等）功能；3DXchange 6 提升優化效能（包含大尺寸效能優化及相同材質結合）、增強介面改善（包含互動式燈光及場景模式、場景樹可自訂顯示隱藏）及改善全新導入音素配對、迅速從Sketchup 3D Warehouse匯入免費模型素材及支援多方平台（例如：Maya、3DsMax、DAZ 3D Studio、ZBrush）等。3DXchange 每套版本功能，新增豐富且提升許多不一樣的功能哦～另外，表18是3DXchange 4、3DXchange 5及3DXchange 6外觀介面暨差異功能介紹及說明。

圖70　3DxChange自製合成圖

表18 3DXchange 4、3DXchange 5及3DXchange 6外觀介面暨差異功能介紹

名稱	3DXChange 4 PRO	3DXChange 5 Pipeline	3DXChange 6 Pipeline
iCon			
介面外觀			
模型	支援.Skp、.Fbx、.3Ds、.Ob 格式		
特性	可匯入不可匯出	可同時互相轉換（轉出/匯入）功能	
差異	功能基本專業款，無法與Pipeline相比	與Pro版本增加可匯出BVH及FBX角色暨動作	1. 新增合併相同材質 2. 增強互動式燈光暨四種場景選項 3. 改善場景樹（自訂顯示或隱藏）

到底如何運用3DXchange 匯入且匯出到iClone。此外，再進行將模型匯入3DXchange有沒有些重要的注意的地方進行操作呢？接下來，就進行如何利用3DWarehouse匯入iClone，且再由iClone透過3DXchange匯出到其他第三方平台。

圖71至圖74是3DXchange 6 Pipeline基本操作、編輯功能及物件轉換各項功能介紹：

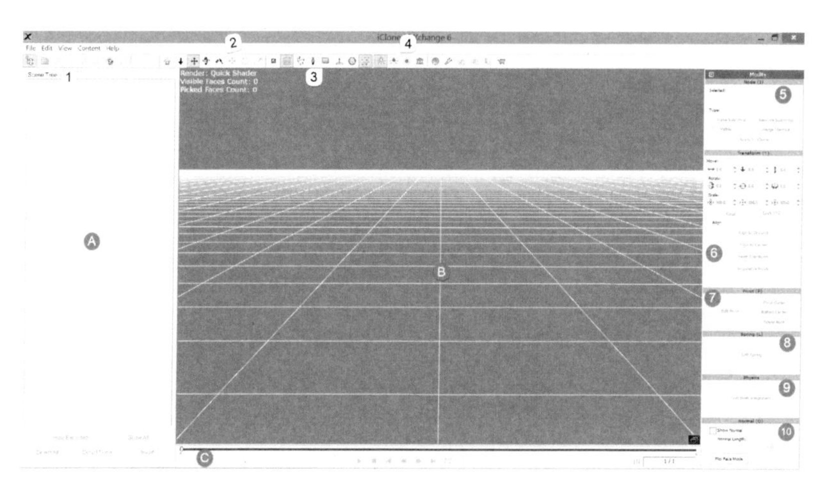

圖71　3DXChange 6 功能介面-1

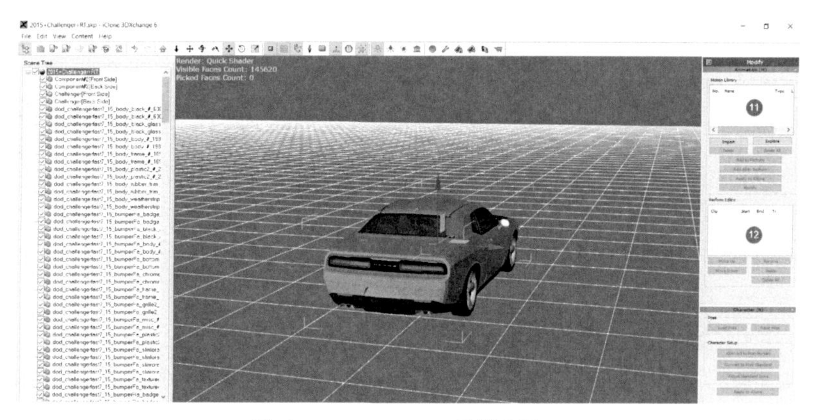

圖72　3DXChange 6 功能介面-2

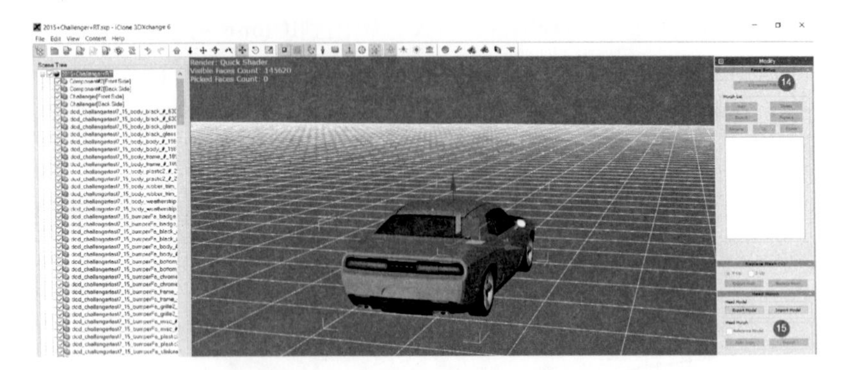

圖73　3DXChange 6 功能介面-3

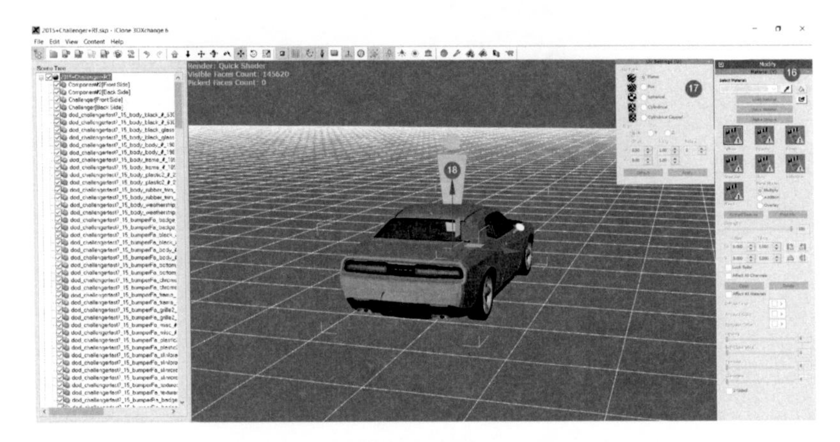

圖74　3DXChange 6 功能介面-4

表19　3DXchange快捷基本功能介紹

3DXchange 6快捷基本功能介紹		
代號	圖示	功能名稱說明
1		檔案控制功能：能將角色模型快速匯出（.iC、.Fbx、.Obj）支援格式暨重整模型、下載3Dwarehouse。
2		編輯模式：可調整攝影機位置且角色放大（縮小）及旋轉等功能。
3		指示器：模型座標、人物基準、陰影、格線等功能。
4		燈光：IBL大廳模式、IBL日光模式、快速模式及預設模式。

表20　3DXchange 6燈光模式（對照表18　3DXchange 6基本功能第4項）

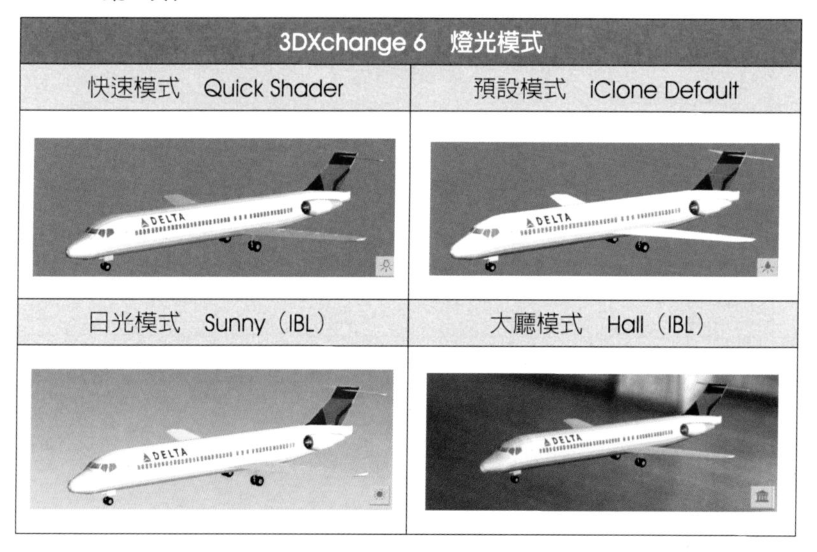

3DXchange 6　燈光模式	
快速模式　Quick Shader	預設模式　iClone Default
日光模式　Sunny（IBL）	大廳模式　Hall（IBL）

表21　3DXchange 6區域模式

3DXchange 6 區域模式		
代號	A	場景樹：匯入模型之後，可透過場景樹將不需要的部分移除，再重新整理新的模型樣式。3DXchange 6 場景樹可自訂隱藏或顯示功能喔～
圖示		
代號	B	物件編輯模型：透過外部匯入到3DXchange 6 所有模型匯入之後，都會再這裡呈現喔～
圖示		
代號	C	時間軸：物件播放、暫停或重複等功能。
圖示		

3DXchange 6調整功能——Node節點

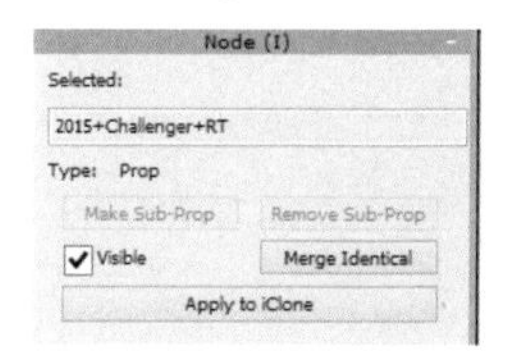

5. Node節點：在匯入3D模型角色，該角色會在場景內出現所有的節點，可將不該有的節點移除或將該模型的角色面數減少。

圖75是外部3D模型匯入到3DXchange，可將該模型的各項子節點（黃色「」）可刪除或進行整體減少面數的效果。

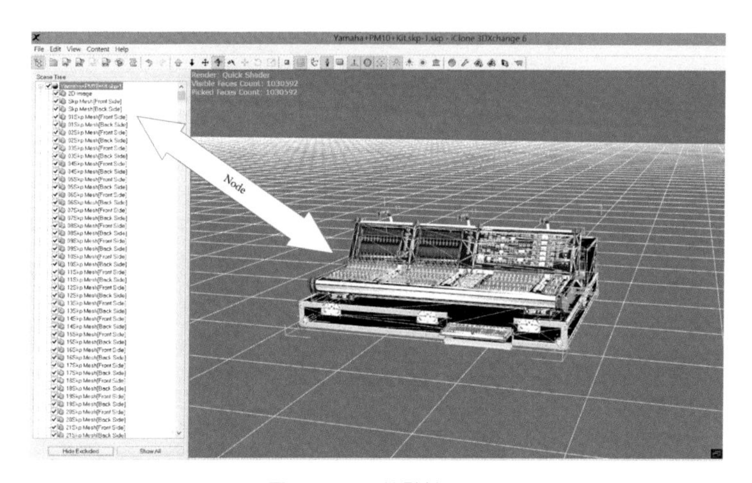

圖75　Node節點結果圖

圖76至圖78是如何減少面數教學示範。

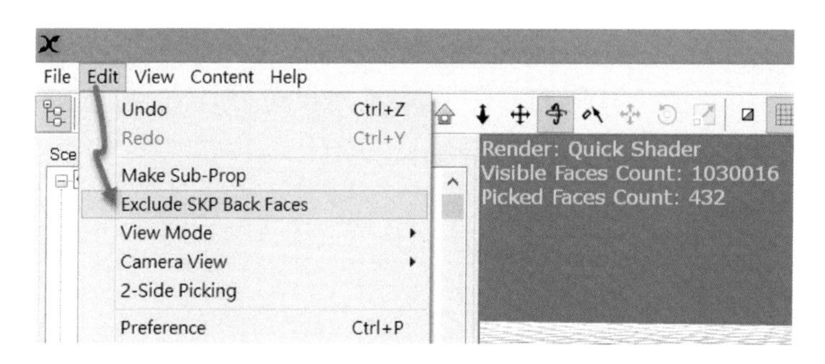

圖76　Exclude SKP Back Faces（減少背面）

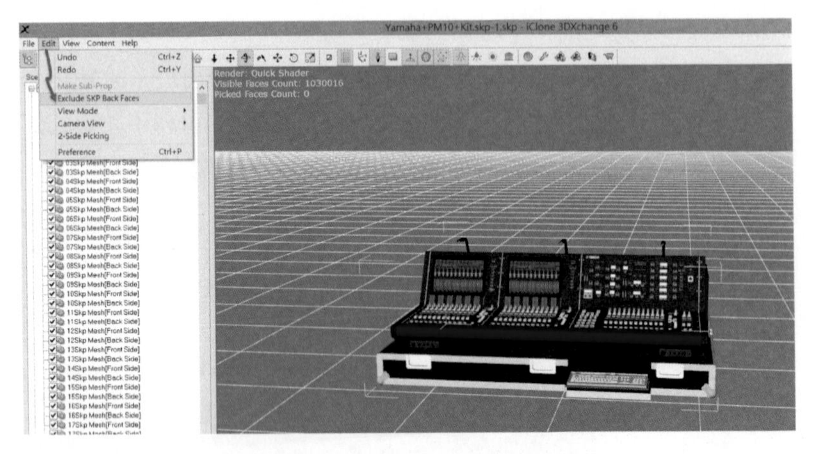

圖77　尚未減少背面圖之原圖

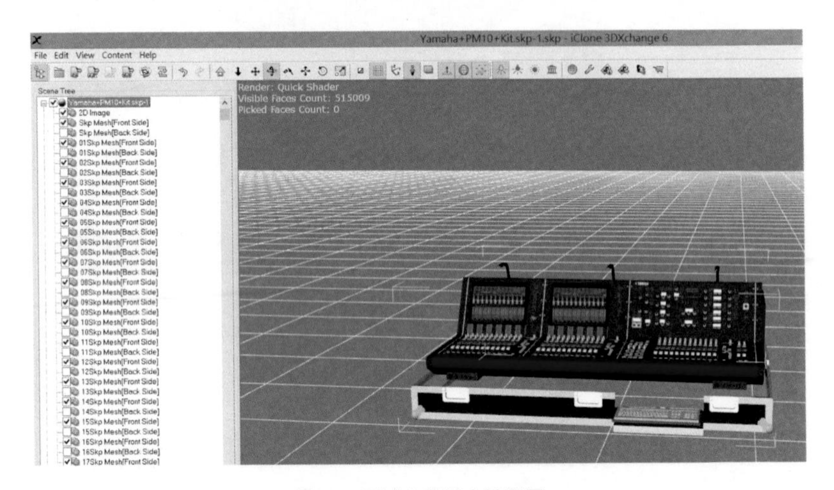

圖78　已減少背面之結果圖

3DXchange 6調整功能——Transform調整

6. Transform調整：物件匯入時，有時會歪掉或亂移動的情形，造成無法進行編修的情況。建議將物件進行兩步驟調整-Allgn to Ground（對齊地板）（圖79）及Allgn to Center（對齊中心）（圖80），在調整時可鎖定XYZ座標。

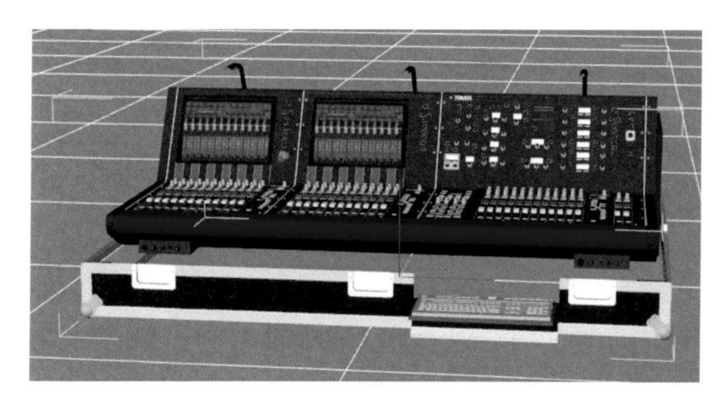

圖79　對齊地板Allgn to Ground

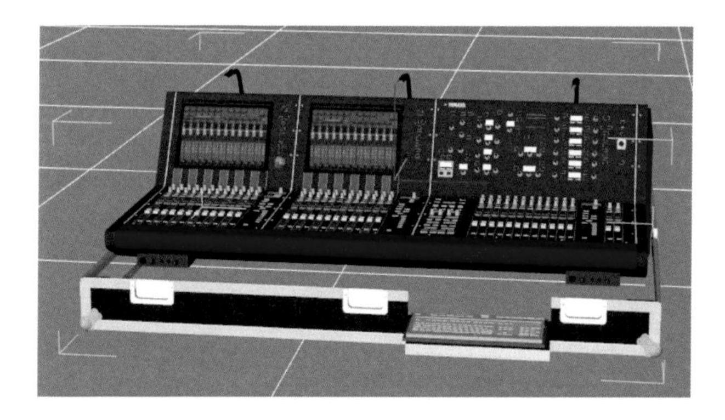

圖80　對齊中心點 Allgn to Center

3DXchange 6調整功能——Pivot中心點

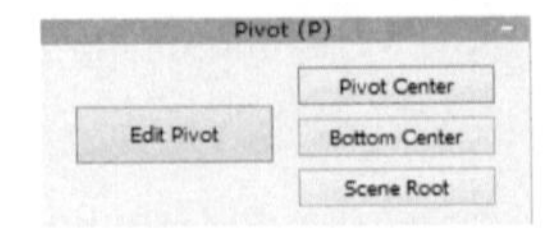

7. Pivot中心點：物件座標中心點，可自行設定中心點的位置及調整預設中心點（Pivot Center）、底部中心（Bottom Center）及場景原點（Scene Root）。圖81是Pivot 座標移動設定。

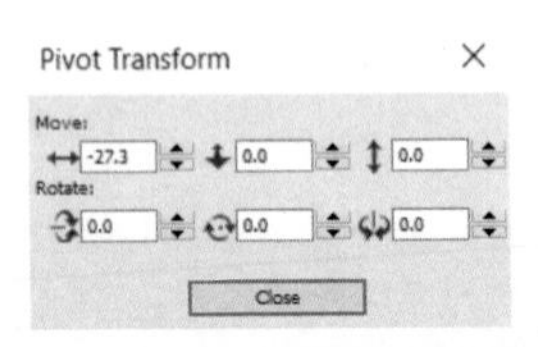

圖81　Pivot Transform

表22　Pivot Sample

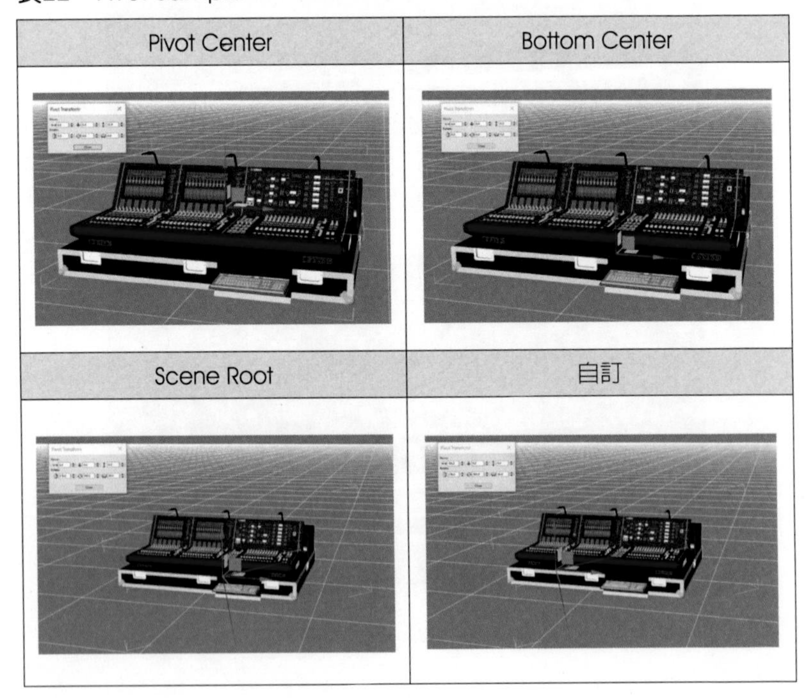

3DXchange 6調整功能——Spring彈性

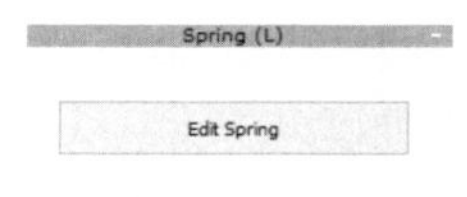

8. Spring彈性：此功能僅限於人物角色。因於，3D角色中頭髮、服裝配件等，若有道具啟動彈性功能，道具有彈性效果會自動彈跳等。

下圖是啟用Spring彈性功能進階設定說明如下：

1. Show Spring Nodes Only僅顯示彈性效果節點：圖A是尚未啟動Show Spring Nodes Only所呈現結果（白色為骨架，紫色為彈性效果節點）；圖B是已啟動Show Spring Nodes Only呈現結果圖。（圖82）

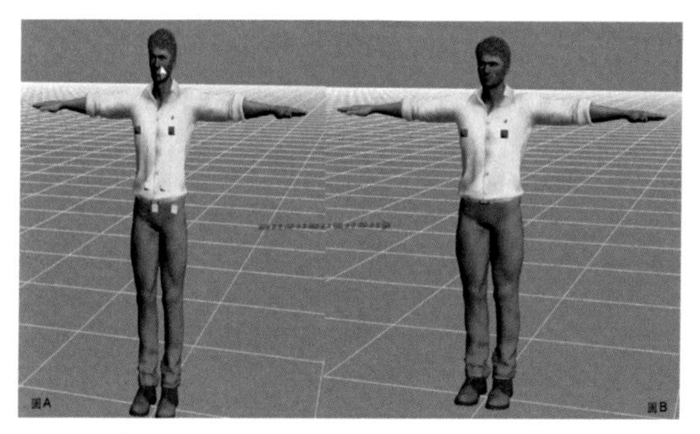

圖82　Show Spring Nodes Only呈現結果

2. Element Spring Type元件節點風格：可點選其中一個已啟用Show Spring Nodes Only修改顏色風格。Custom Setting自訂，Import/Export格式需使用.Spx格式。（圖83）

圖83　Element Spring Type

3. Group Setting群組設定：可調整彈性的Mass（質量）、Strength（強度）及Bounciness（彈跳）且可開啟Spring Group List（彈性群組清單）。（圖84）

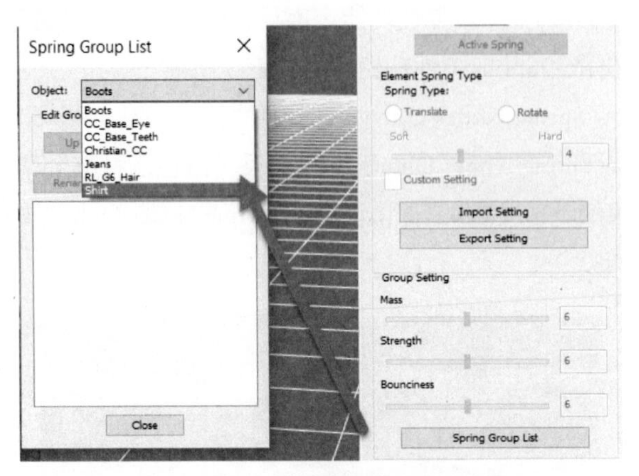

圖84　Spring Group List彈性群組清單

4. Preview Motion/Animation預覽動作/表情：可即時預覽動作（表情）且套用。（圖85）

圖85　啓用Spring進階設定功能

3DXchange 6調整功能——Physics物理

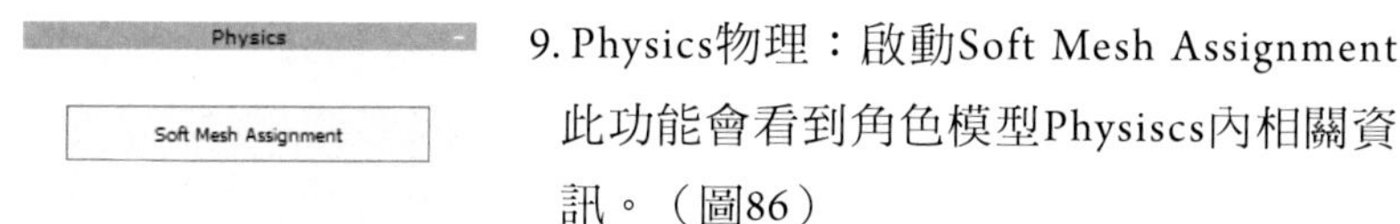

9. Physics物理：啟動Soft Mesh Assignment此功能會看到角色模型Physiscs內相關資訊。（圖86）

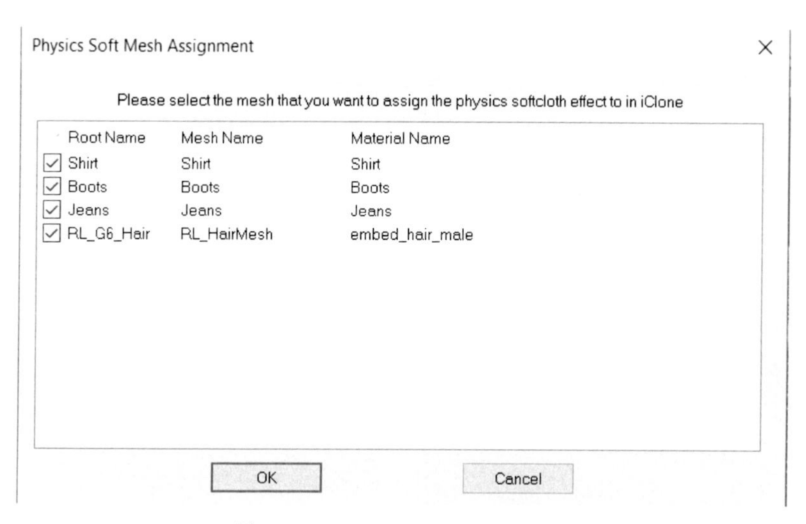

圖86　Physics Soft Mesh Assignment

3DXchange 6調整功能——Normal法線

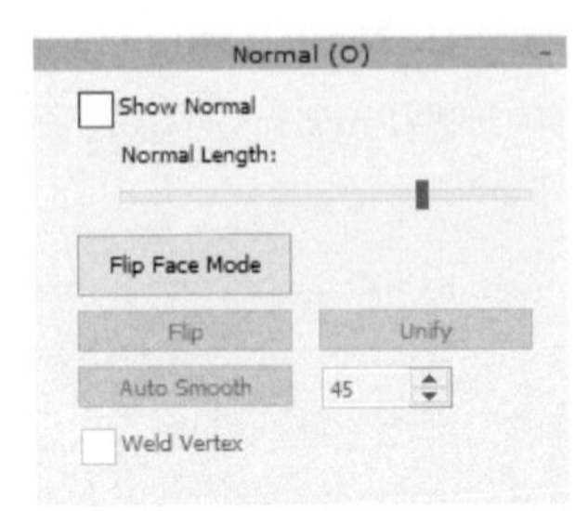

10. Normal法線：法線在3D世界是指垂直一個表面的向量且標示出正面或背面。其中，表面中的正面在任何3D工具會顯示，背面則無。

Show Normal 顯示法線：可調整法線長度（表23）

Filp Face Mode 表面翻轉模式（表24）

-Flip：翻轉（表25）；Unify：統一；

Auto Smoooth 自動平滑（表26）

Weld Vertex：焊接頂點

表23　Show Normal結果圖

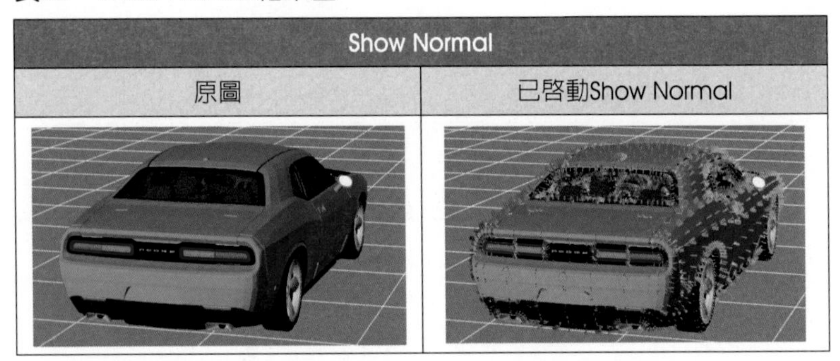

Show Normal	
原圖	已啓動Show Normal

表24　Filp Face Mode結果圖

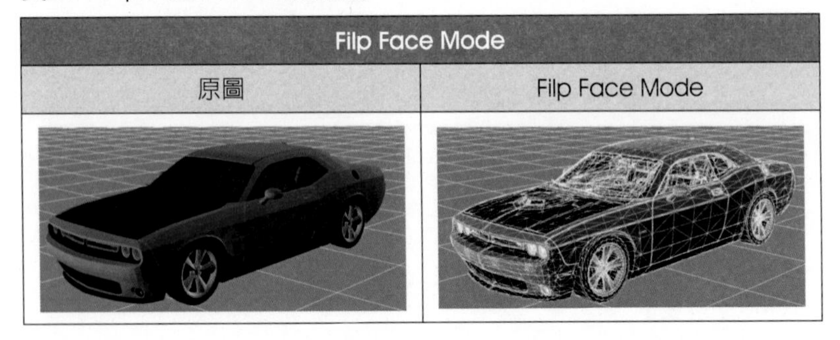

Filp Face Mode	
原圖	Filp Face Mode

表25　Filp須使Unify進行使用（請看紅色箭頭符號）Filp翻轉：顏色為明顯表示。

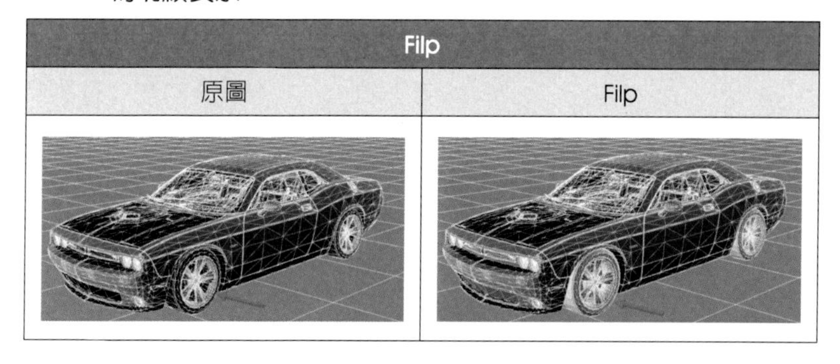

Filp	
原圖	Filp

表26　Auto Smooth（務必勾選Weld Vertex焊接頂點再啟動此功能）。

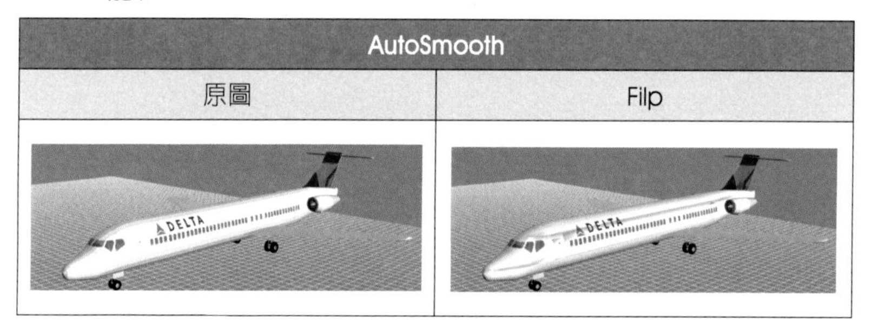

AutoSmooth	
原圖	Filp

3DXchange 6調整功能——Motion Libray動作資料庫、Perform Editior表演編輯器

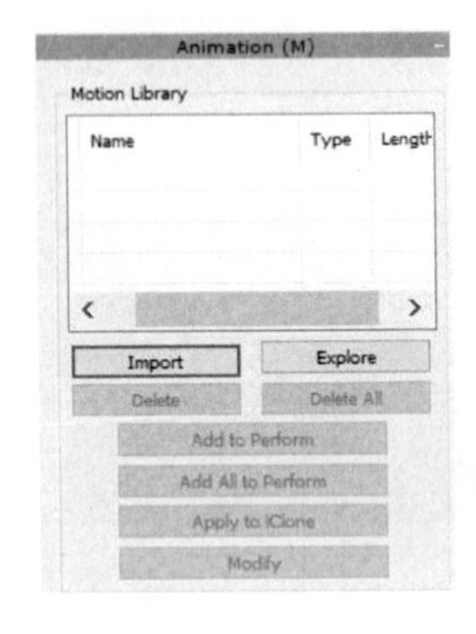

11. Motion Libray動作資料庫：角色動作資料庫設定，可匯入任何動作資料庫，將某動作資料或全部動作新增至角色，甚至套用iClone動作。
12. Perform Editior表演編輯器：角色任何動作的表演都會顯示且可自行設定該動作開始或結束的時間。

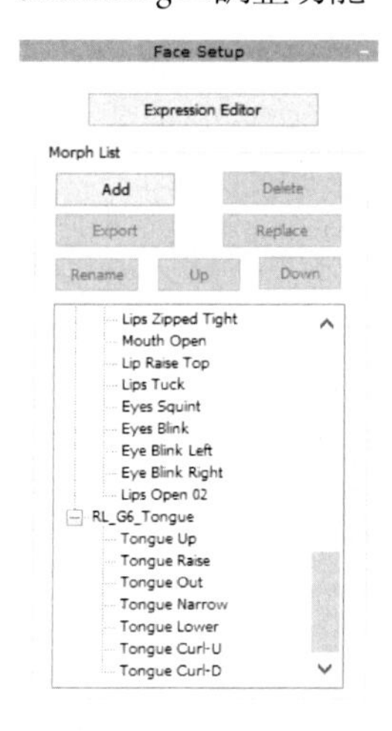

14. Face Setup 臉部設定：角色臉部可自行設定（頭髮、眼睛、嘴巴、眉毛等五官）及微調，啟動Expression Editor（圖87）或加入3D角色臉部模型（僅限於Fbx及obj）進行套用調整。

15. Head Morph頭部變臉：角色可自行（輸出或輸入角色頭部模型）更換頭部（僅限於obj）。

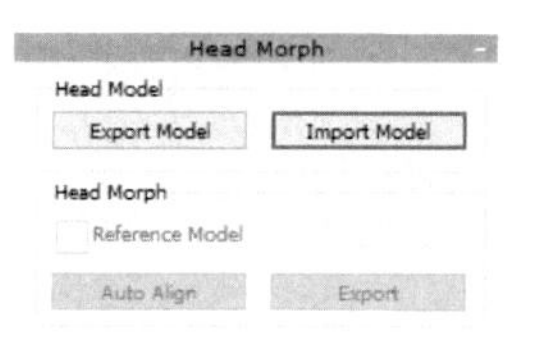

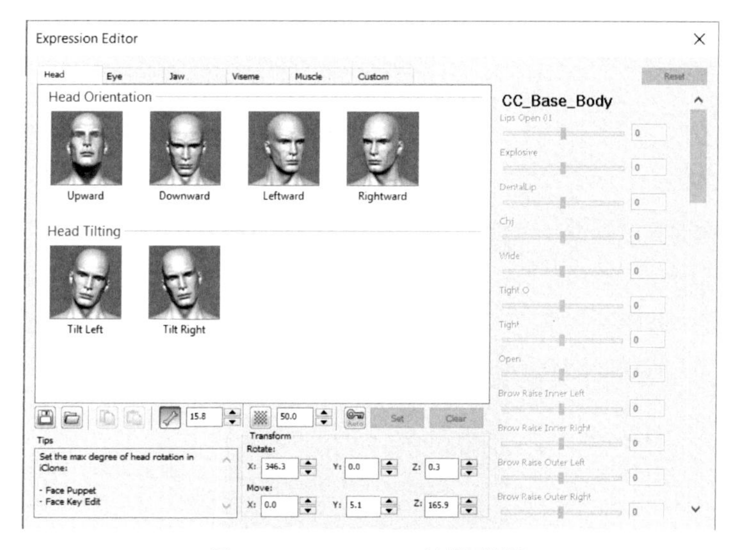

圖87　Expression Editor臉部編輯器

3DXchange 6調整功能——Material材質、UV設定、質物件高度基準

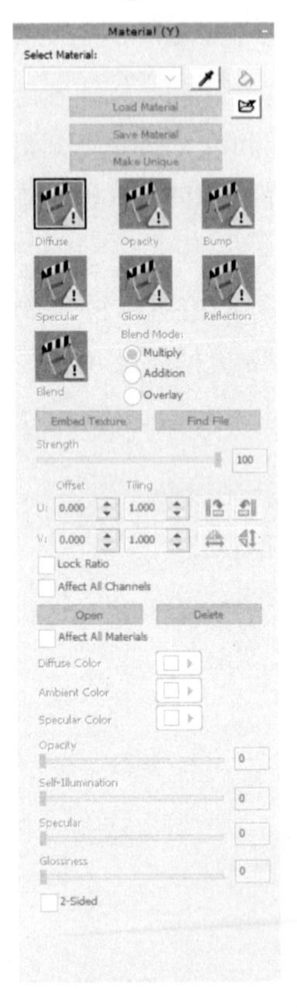

16. Material材質：角色模型外在（服裝）任何的表面材質，都可進行材質層的處理，例如：能將角色穿著大衣更改顏色且進行擴散或可從外部任何圖層匯入至不透明處理的校效果。若要使用圖層工具，推薦Substance Designer 這套圖層工具，進行編輯使用。
17. UV設定：可將材質層進行UV任何設定，例如：平面貼圖、合狀貼圖、球狀貼圖、面性貼圖等任何有關貼圖的風格設定。UV：U是水平；V是垂直。

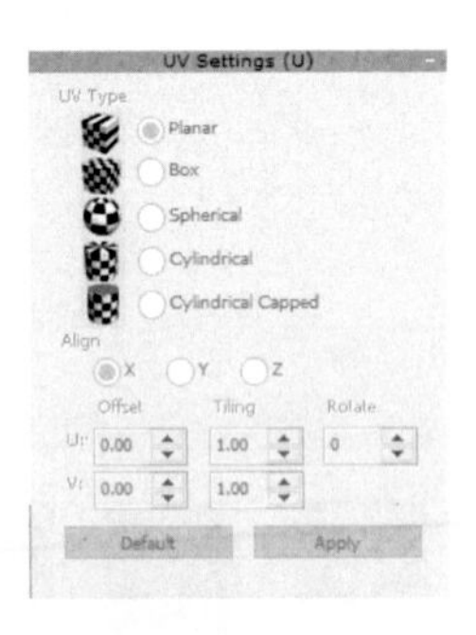

18. 物件高度基準（黃色表示）：通常是運用在人型角色高度，但請勿超過高度，若超過基準高度可使用縮放功能，將物件調到適合的高度範圍內。

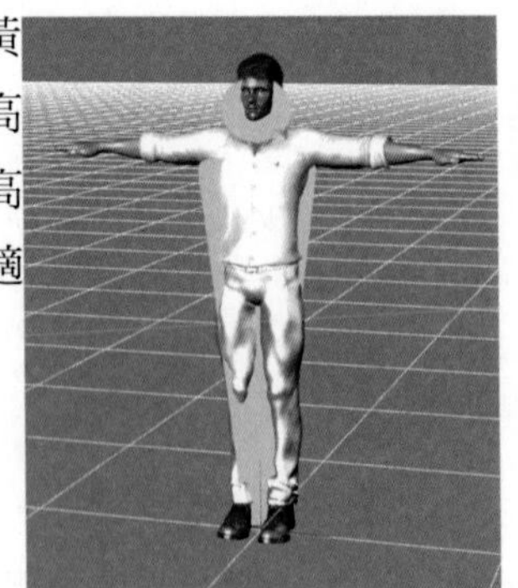

5-2、3DXchange骨架調整

當外部的角色模型，要進入到iClone進行創作的時候，請先啟動3DXchange進行人型骨架調整，骨架總共有15根骨架，進行調整喔！圖88是FBX匯入到3DXchange匯入畫面。

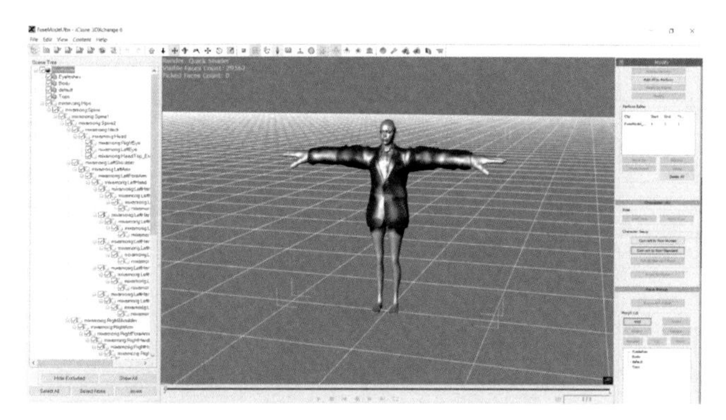

圖88　FBX匯入3DxChange畫面

當然，將角色匯入之後，習慣將任何角色或物件進行Allgn to Ground（對齊地板）及Allgn to Center（對齊中心點），或者可開啟假人進行檢視（模型勿操作假人高度）。

（圖89）

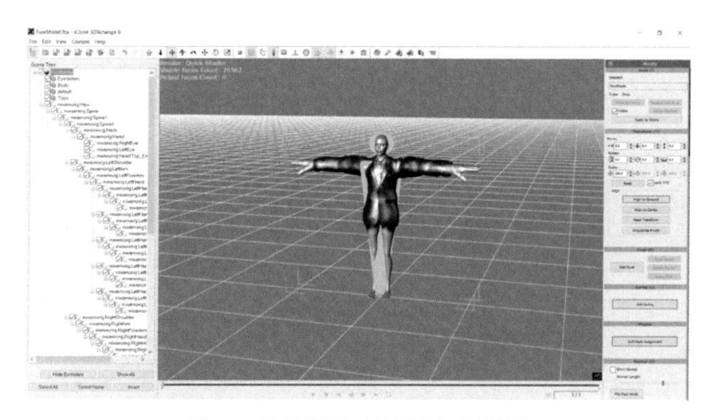

圖89　角色模型（含假人）對齊圖

若已經將3D模型角色已經設定好之後，可進行調整骨架。請在調整功能列當中，切換Character角色（紅色箭頭）。進行轉換過程之前，請先判斷轉換是非人角色Convert to Non-Human還是非標準角色Convert to Non-Standard呢？（圖90及圖91）

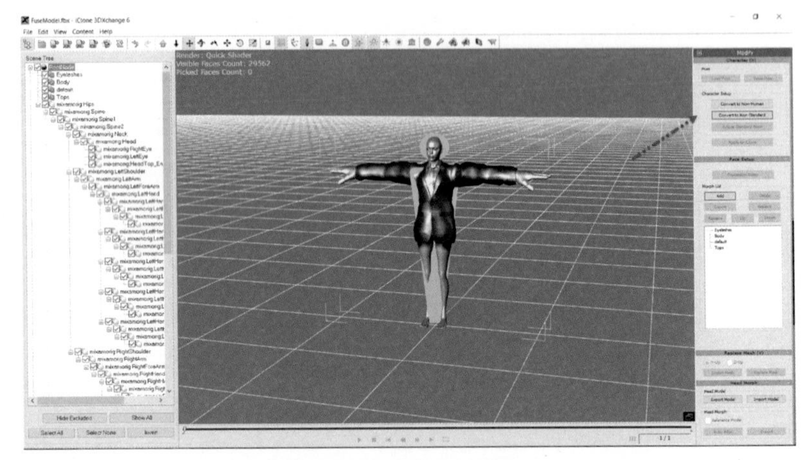

圖90　切換Character角色

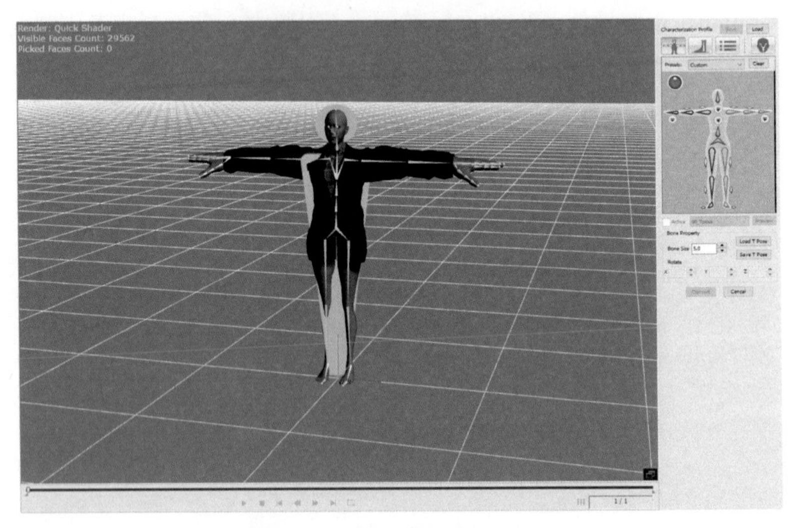

圖91　Character骨架編輯

無論人型或怪獸等角色，只要是T站姿（T-Pose）的角色，都會進入到骨架編輯，進行調整骨架編輯設定。骨架總共15～18根骨架，若是用3Dmax、Maya及DAZ所創建的角色，匯入之後，即可啟在骨架編輯（紅色箭頭）選擇套用骨架及其他相關設定喔。（圖92）

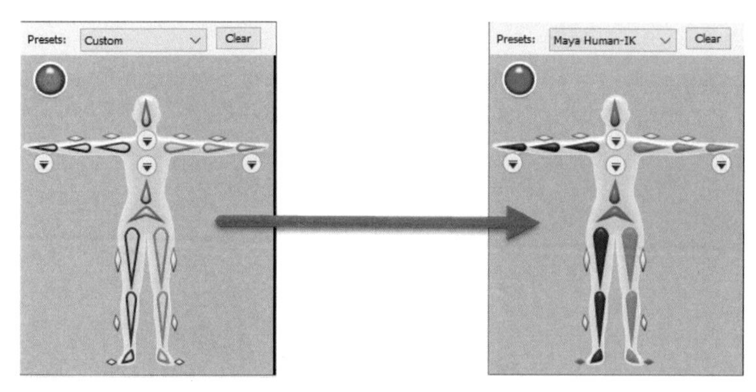

圖92　骨架燈號（紅燈變成綠燈才算骨架編輯成功）

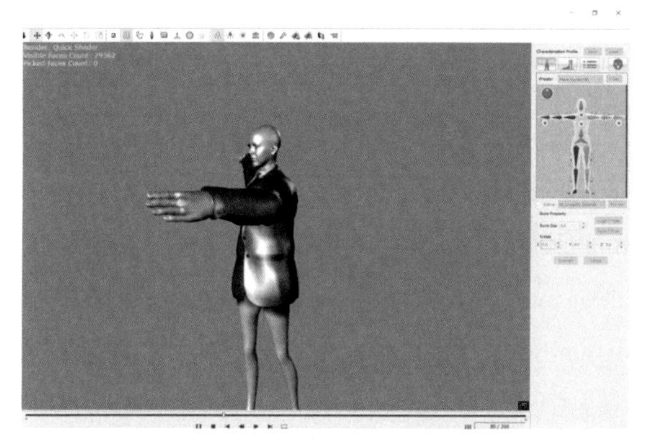

圖93　角色骨架完成後且套用動作示範

骨架設定完成之後，可啟用動作編輯（例如：Tpose、Head calibration、Dance等）且進行預覽。在3DXchange 套用骨架編輯完成之後，轉出到iClone或其他第三方動畫創作平台進行使用。（圖93）

5-3、Mixamo線上功能介紹

除利用3DXchange進行人型角色（含非人型角色）調整骨架方法之外，也可利用線上方式進行調整人物角色骨架。就來介紹專門線上調整骨架的網站——Mixamo（圖94）

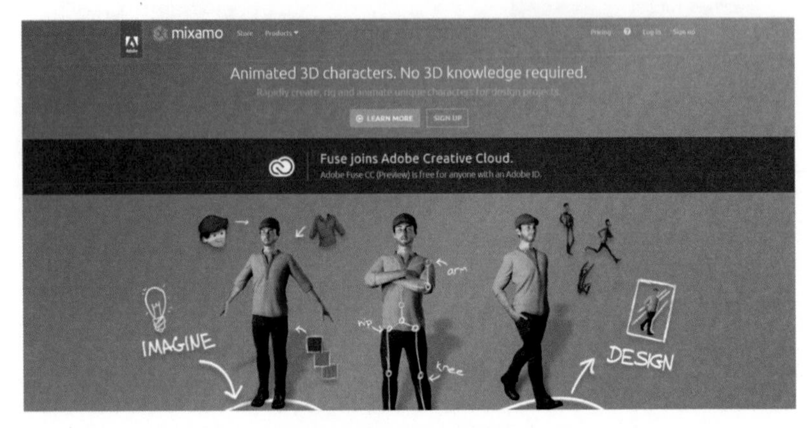

圖94 Mixamo.inc官方網站

Mixamo是專門迅速創建角色、調整角色骨架及即時動作臉部表情的偵測等相關線上即時創作角色模型的一套線上工具。至今，很多教學單位都使用Mixamo進行課程介紹及教學範例等等。Mixamo於2015被Adobe.inc正式收購且將Mixamo與Photoshop進行結合新的應用功能。Mixamo分三類-1.Create、2.Rig及3.Animate功能。首先，在Create（建立）中，可使用Adobe Fuse CC進行迅速創作角色模型、選擇購買3Dcharacters或將外部的FBX模型上傳到Decimator網站進行創建。接著在Rig中，可將模型角色進行調整骨架Auto-Rigger（自動調整骨架）及Control rig Scripts（控制骨架腳本）；最後，將角色模型進行表情偵測及動作，可使用FacePlus（請參閱8-4）進行Real-Time臉部擷取工具及線上角色模型動作套用。

Create

Create創建3D角色模型，在Mixamo裡面，可購買現成的3D Character進行創作及套用任何動作等（圖95），或也可透過Fuse CC的方式進行創建任何的3D角色模型，甚至，您也可以使用Decimator功能進行設定Reduction（必須是FBX格式）呈現的效果。

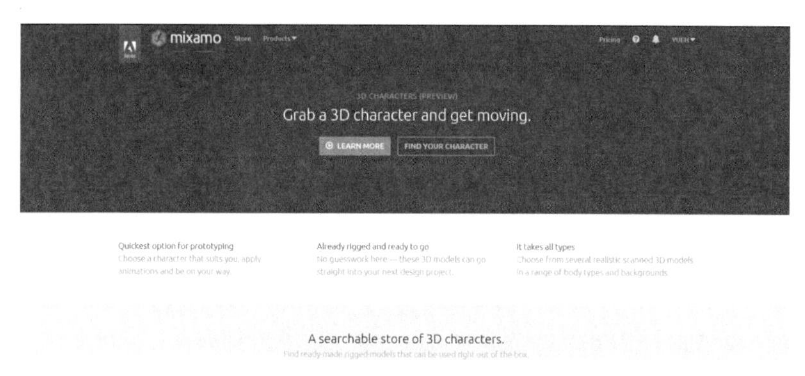

圖95　3D Character

圖96是Mixamo Store，可自由點選購買或進行使用角色模型動作等，商城內豐富的素材（Chacters及Animation）資源，多加利用。

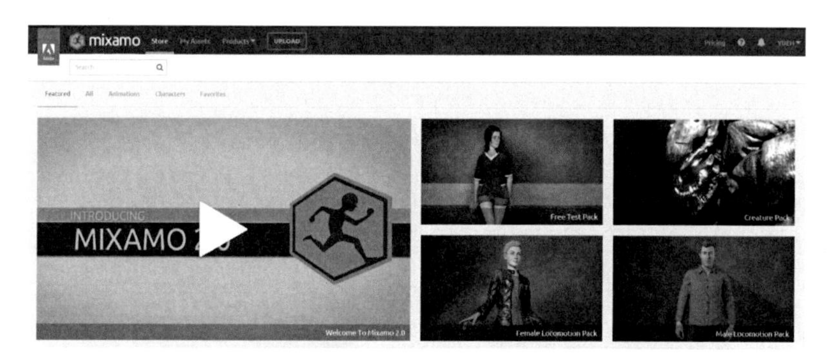

圖96　Mixamo Store

圖97是Mixamo提供3D Character任何種類的角色模型素材等，多樣化的角色，均可使用且下載匯入到外部平台進行創作等。

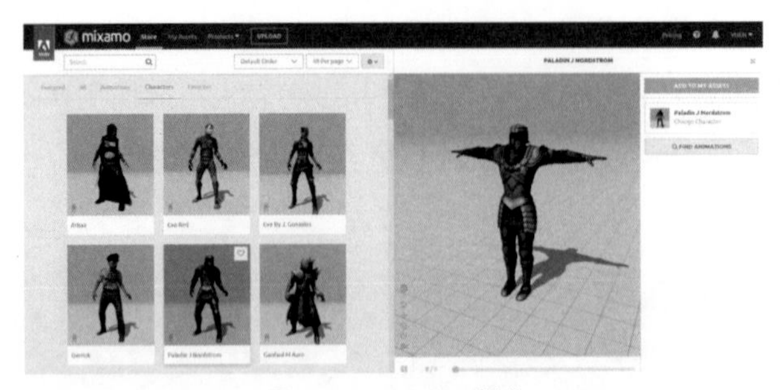

圖97　Character商城

Decimator

Decimator是Mixamo提供Polycount功能，可設定reduction，匯入到Maya或Max可得到該模型面數資訊。此外，要如何使用Decimator功能，1.請先上傳FBX，2.設定reduction值，3.啟動Decimate。（圖98）

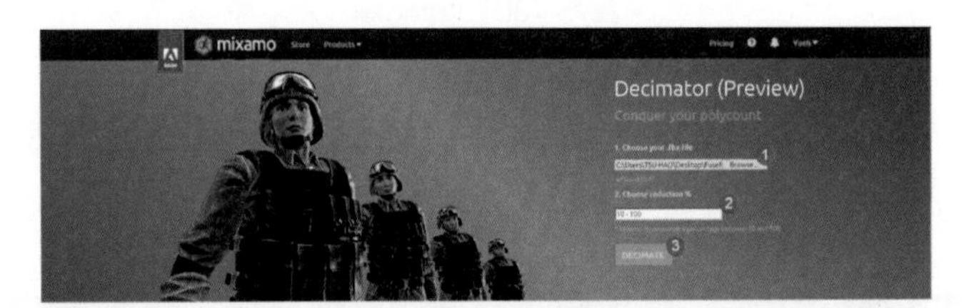

圖98　Decimator

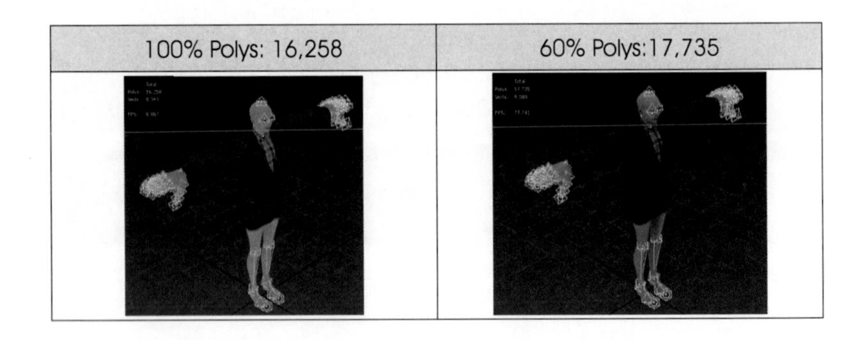

Rig

Rig是Mixamo提供角色模型線上骨架調整（Auto-Rigger），也可下載Control Rig Scripts（骨架腳本控制）且支援Maya及Max程式。（圖99）

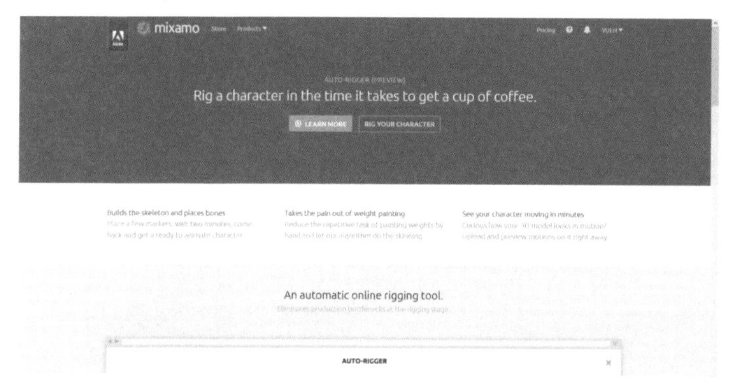

圖99　Rig

圖100是Auto-Rigger模式，角色的模型可線上套用骨架模式，包含：3 Chain Fingers（49）、2 Chain Fingers（41）、Standard Skeleton（65）、No Finger（25）四種線上骨架模式。請先點選Sketleton LOD再點選UPDATE RIG。

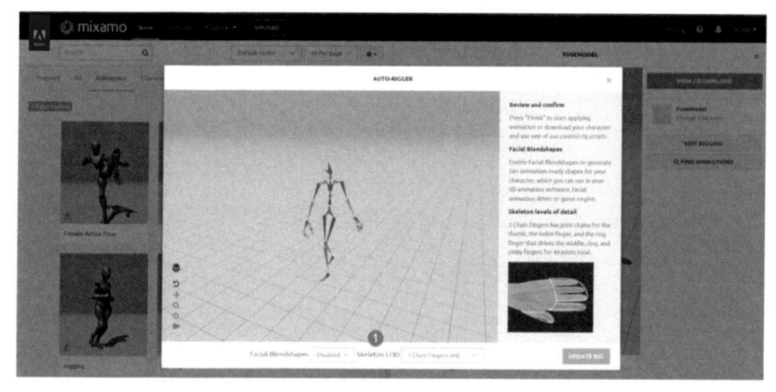

圖100　Auto-Rig自動調整骨架

表27　Auto-Rig 骨架型態

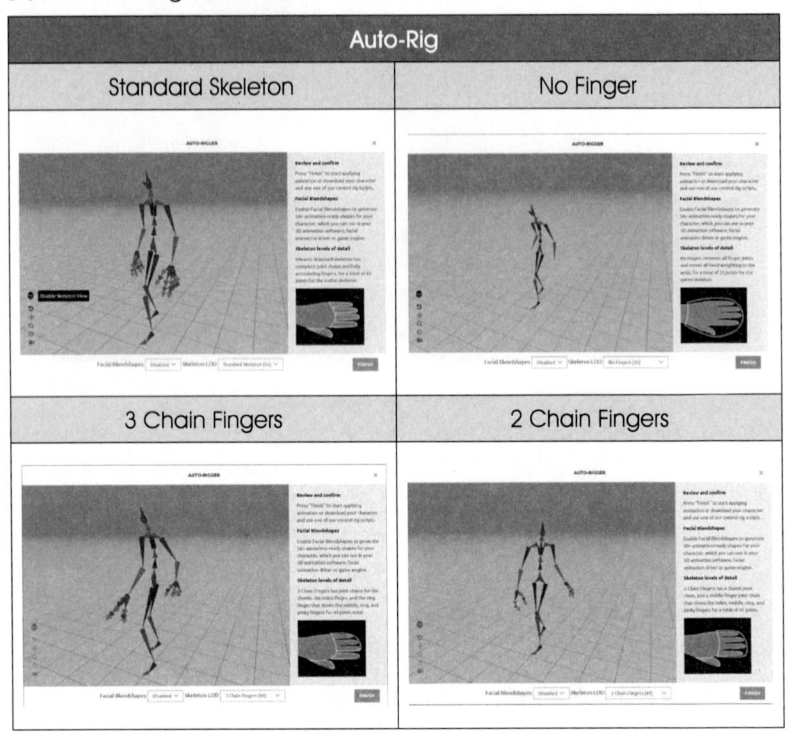

3ds Max Auto-Biped Script	Script (3ds Max)	21KB	Download 2.3.1	Product page Documentation
3ds Max Auto-CAT Script	Script (3ds Max)	24KB	Download 2.5.2	Product page Documentation
Maya Control Rig Script	Script (Maya)	1.2MB	Download 1.6.0	Product page Documentation

圖101　Control Rig Scripts需下載使用

表27是Mixmao提供Auto-Rig各骨架型態呈現結果，但若要在3Ds Max或Maya需進行下載（圖101）。

3D Animations

3D Animations是Mixamo提供線上角色動作的線上Real-Time動作的系統，有豐富的基本迅速動作素材，可自由選擇該角色指定某動作且可將動作作為細節調整喔！（圖102至圖104）

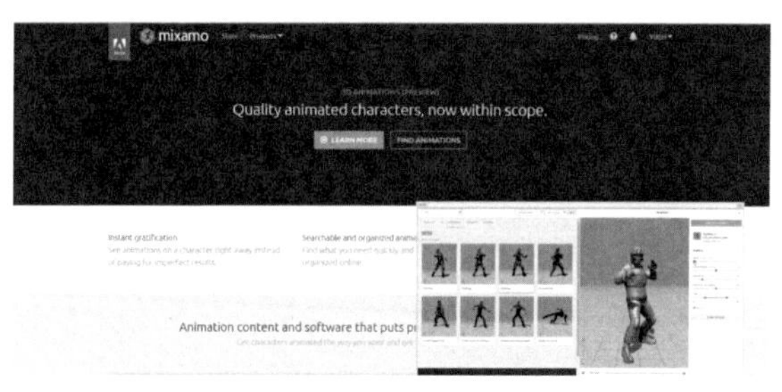

圖102　3D Animations

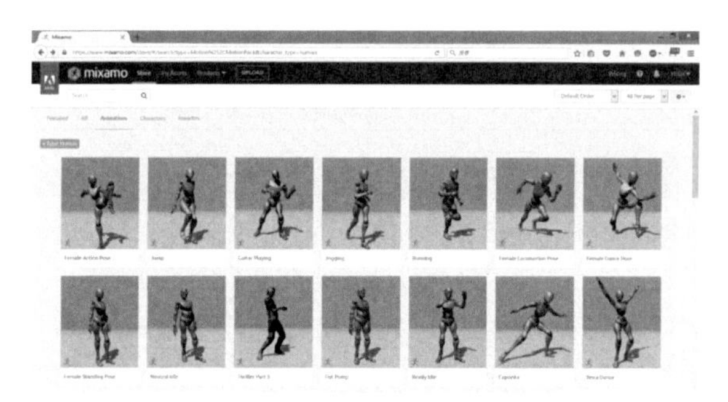

圖103　3D Animations豐富動作資料庫

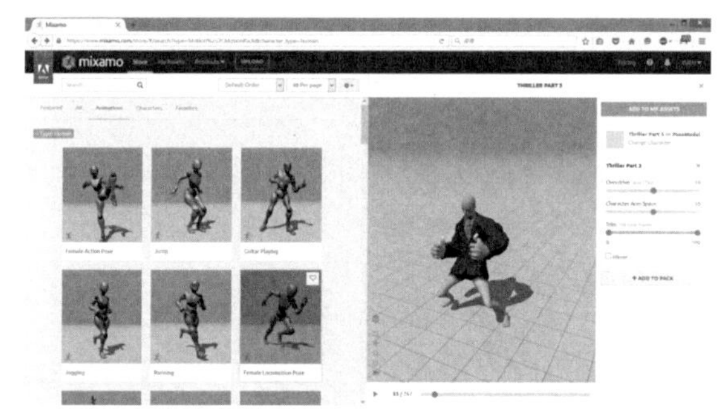

圖104　3D Animations套用動作即時預覽（Real-Time Preview）

5-4、Mosketch模型骨架調整應用

除Mixamo可進行3D人物骨架角色的調整之外，有一套工具也屬於調整模型（人形）骨架——「Mosketch」。Mosketch是Moka Studio開發一套可進行骨架調整IK及FK等骨架功能，並包含Sketch、Planar Sketch、Reset Joints、Paste joint values、Copy joint values等控制修正功能。圖105 是 Mosketch官方網站，目前使用是BETA版本，可先下載使用BETA的版本進行測試。

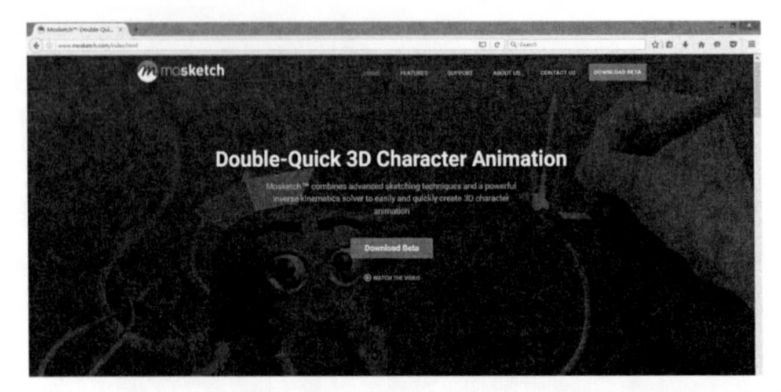

圖105　Mosketch官方網站（網址：http://www.mosketch.com/index.html）

Mosketch是Animate any 3D Character主要功能「Intuitive sketching」、「Powerful IKSolver」及「Flexibility」的功能模式。Mosketch可用觸控筆的方式進行編輯骨架調整（如圖106）。

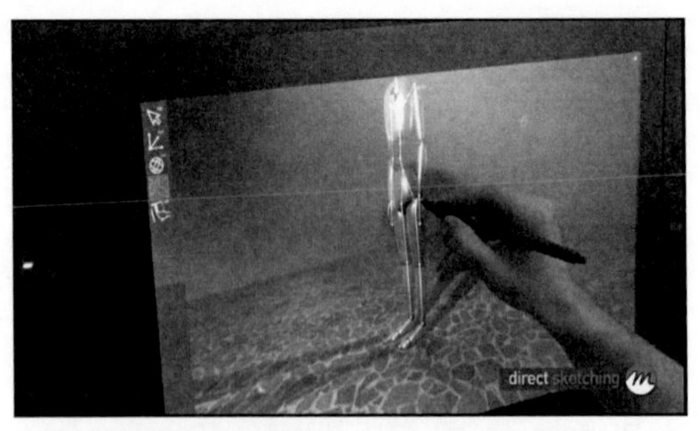

圖106　Mosketch觸控筆示範調整（擷取自Mosketch官方示範影片）

FK

運用Rotate with FK是主要調整骨骼的關節點（如箭頭指）可進行旋轉或扭動的關節點。

表28　FK功能模式對照圖

正常模式	Rotate with FK（F）

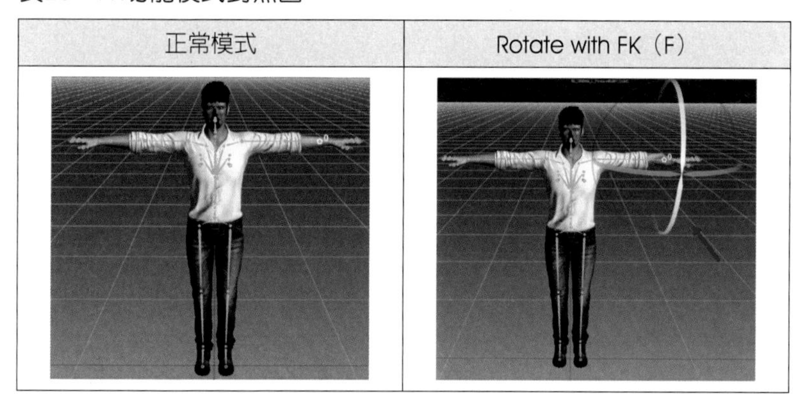

IK

運用IK旋轉，是調整角色部位的旋轉，非關節點（如箭頭指）。

表29　IK功能模式對照圖

正常模式	Rotate with IK（E）

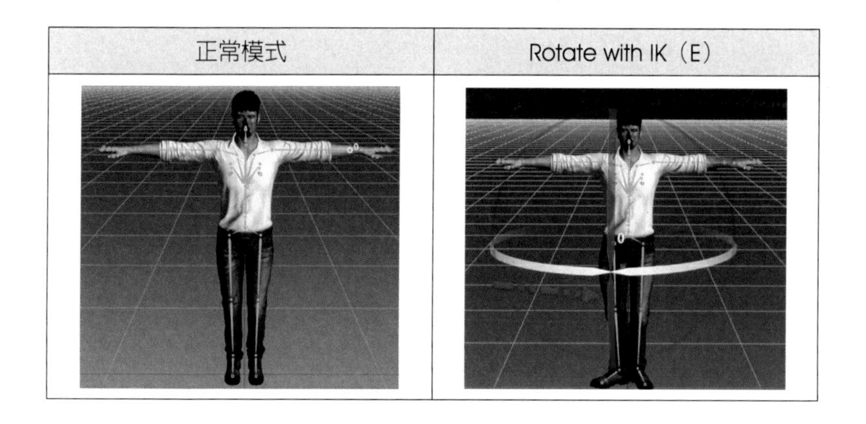

Planar Sketch

表30是使用Planar Sketch方式進行調整部位動作，但首先須點選須調整身體部位（如圖B所示），完成如圖C所示。Planar Sketch是可使用繪圖筆方式進行觸控修改部位角色喔！

表30　Planar Sketch模式

目前調整角色（人形）骨架的方式有Mixamo.inc及Mosketch等調整骨架的模式，Mixamo.inc是線上調整骨架內含動作編輯等，Mosketch是需安裝才能調整人形骨架的功能工具。無論是Mosketch或Mixamo，還有許多是即時調整骨架的工具，若在需要更進階的高難度的動作可使用動作捕捉，來符合角色的動作需求。

單元6

PopVideo Conveter 3迅速去除綠幕（藍幕）新功能教學

經過好多年，PopVideo Converter再度出擊成為PopVideo Converter 3的迅速去除綠幕（藍幕）的轉換工具。PopVdieo Converter 3支援4K輸出畫質（可匯入AfterEffect、威力導演等專業影視工具等），並且多樣化的背景遮罩顏色選擇。未來，影片都會變成4K畫質，所以PopVideo Converter 3是最佳選擇的迅速去除綠幕（藍幕）利器工具。圖107

圖107　PopVideo 3

圖108　PopVidoe Converter 3操作示意圖

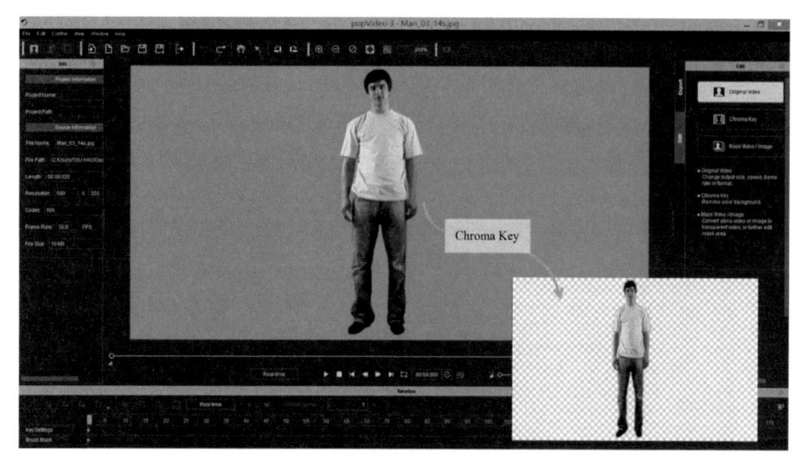

圖109　使用藍幕進行去背結果

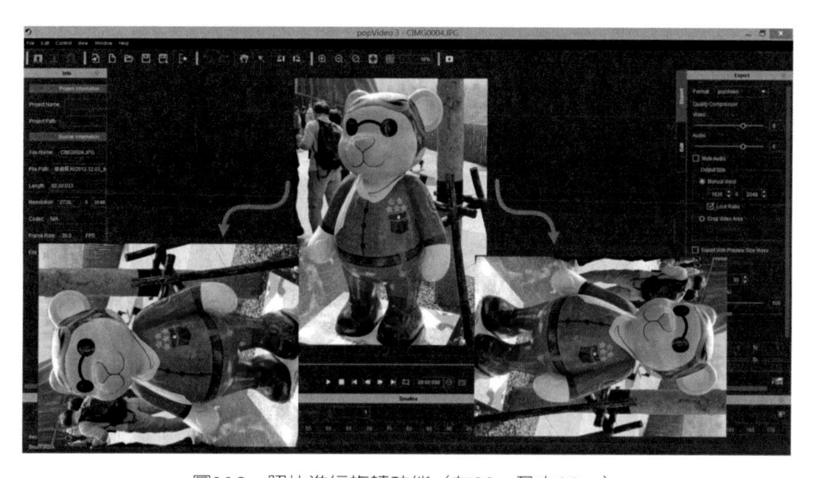

圖110　照片進行旋轉功能（左90。及右90。）

圖108是PopVideo 3功能的操作環境，與PopVideo 2完全不一樣的操作介面。圖109使用藍幕進行迅速去背的結果；圖110是PopVideo 3可匯入照片並且旋轉照片功能。

Super VFX 200 可使用在iClone 6及PopVideo 的影片視覺後製特效，Super VFX內含55 Magic Effcets、24 Video Objects、9 Infographics及25 Toon Magic等等多樣化的後製特效工具。除Super VFX 200 之外，也可使用Motion Design Elements影視特效進行使用。（圖111）

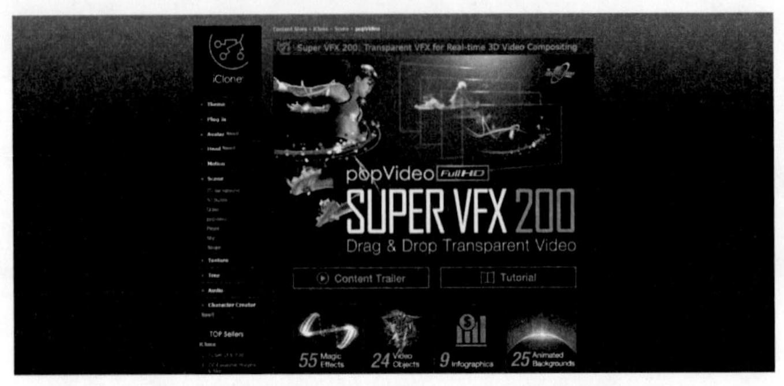

圖111　Super VFX（引用Reallusion網站截圖）

要如何在iClone或PopVideo環境之下，運用Super VFX且展現所有的電影視覺後製特效？其實，非常簡單的步驟，說明如下（圖112）：

1. Textture 匯入PopVideo格式（需在Diffuse及Opacity）。

2. 可在Scene進行瀏覽檢視。

圖112　在iClone 使用 Super VFX

單元7

PopVideo Conveter 2如何快速去除綠幕（藍幕）教學製作

若各位有看過幾部知名《玩命關頭》、《少年PI的奇幻漂流》、《鋼鐵人》、《世界大戰》、《神鬼奇航》、《X戰警》等等多部爆破特效視覺且家喻戶曉的特效知名電影。那是否知道，這些讚不絕口的電影特效，該如何製作且呈現出來嗎？還是您認為，這些爆破或其他特效都是現場錄製呢？其實，這些效果都是用綠幕（藍幕）現場錄製，再用去除綠幕（藍幕）的工具進行去背，最後，才匯入到特效開發創作平台。那麼，就來先介紹一款是專門在進行去除綠幕（藍幕）的背景工具——「PopVideo Conveter 2」。

PopVideo Conveter 2是專門進行去除綠幕（藍幕）的去除背景的工具，去除完背景（藍幕或綠幕）之後，直接匯入到iClone 進行創作的一套快速去背轉檔工具。PopVideo所支援類型分為兩種——影視類及圖片類。

支援的影視類格式：.avi、.wmv、.mpeg、.mpg、.popVideo及.mov等；支援圖片格式：.bmp、.jpg、.tga及.png格式。那到底該如何使用PopVideo 2進行去除影片背景（或圖片背景）呢？！就進入教學介紹吧！

圖113　PopVideo Conveter 2

圖114　綠幕情況使用（左DIY建立綠幕；右引用自網路綠幕相關電影圖片）

圖115　PopVideo Conveter 2環境操作介面

教學示範：這次使用Youtube線上綠幕及藍幕影視

若需要下載使用請輸入Green Sceen HD或Blue Sceen HD進行搜尋，Youtube通常下載是.mp4格式，請轉檔成.wmv格式或PopVideo Conveter 2能支援的格式。（圖116）

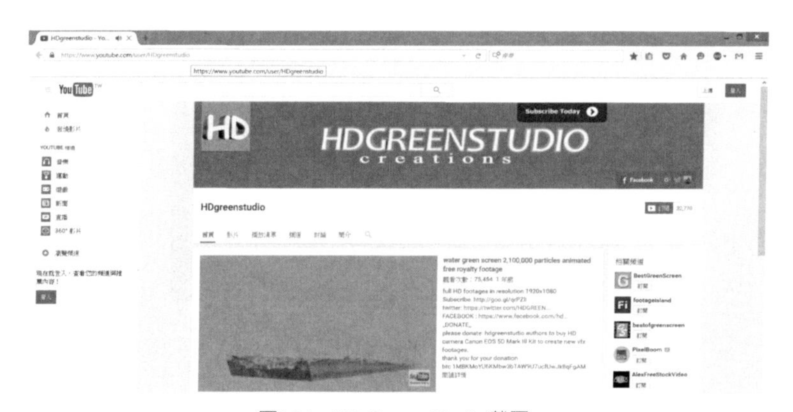

圖116　HD Green Studio截圖

先來介紹，將圖片使用PopVideo Converter 2去除背景吧！

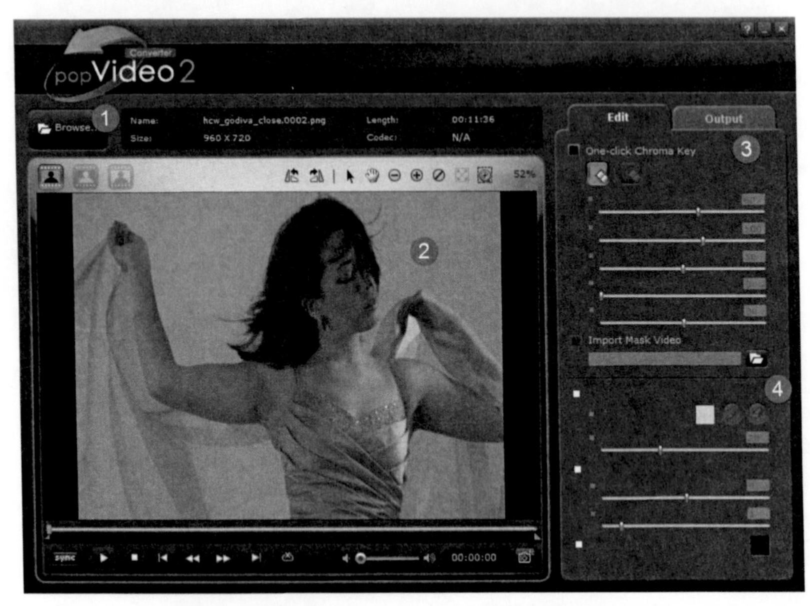

圖117　PopVideo Converter 2 去除綠幕教學順序：

1. 瀏覽匯入圖片，再匯入圖片時，您會看到Popvideo Converter Loading（不管是圖片或影片），就會出現正在匯入中。（圖118）

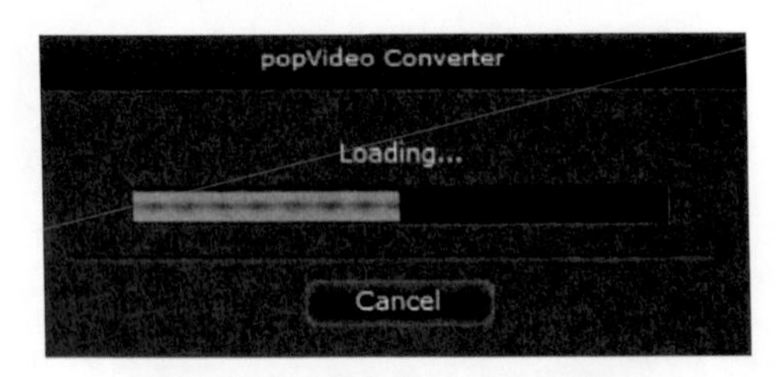

圖118　匯入至PopVideo Converter

2. 匯入綠幕（藍幕）圖片或綠幕（藍幕）影片，都會呈現在這裡喔。

3. 勾選One-Click Chroma Key（快速地去除綠幕（藍幕））　，很多人都會問：為何One-Click Chroma Key會自動辨識綠幕或藍幕？Popvideo Converter 2是預設綠幕，不是自動辨識。因綠幕大多使用廣泛。若匯入是藍幕的背景，那可點選去除藍幕按鈕進行去除哦。（圖119）

圖119　One-Click Chroma key結果

4. 進行去除綠幕之後，若覺得旁邊有一堆殘影，到底該如何清除呢？PopVideo Conver 2 提供Mask Brush Settings（遮罩筆刷設定）可使用Brush Tool且設定Bursh Size（筆刷大小）去除綠幕殘影。（圖120）

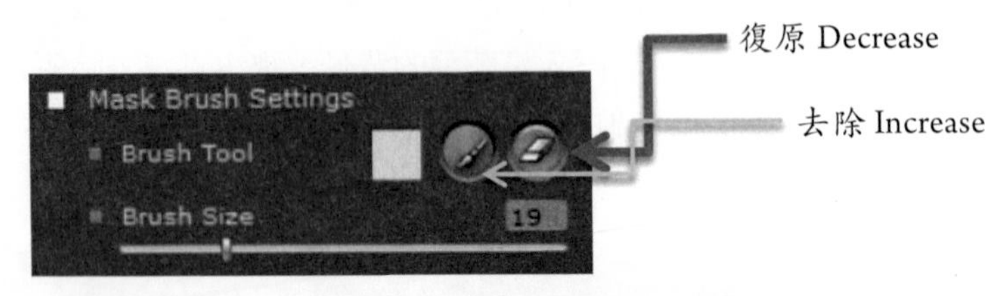

圖120　Mask Brush Settings

圖121　清除殘影之後整體呈現的結果

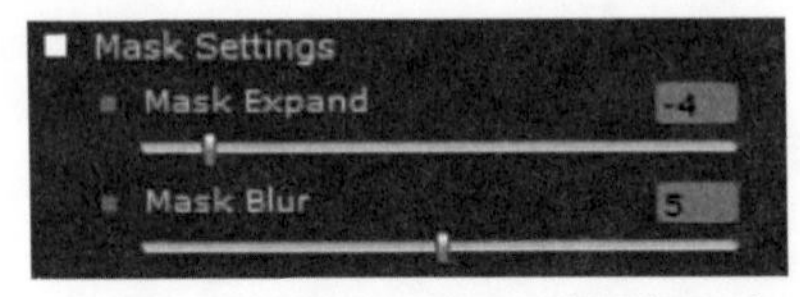

圖121　Mask Seeting 遮罩效果（Mask Expand 遮罩範圍／Mask Blur 遮罩模糊）

5. 進行去除背景之後且清除部分殘影之後，接下來，就是將圖片進行匯出到iClone囉～首先可選擇輸出的格式：.popVideo、.iWidget及.avi輸出格式囉～很多人會問：圖片可以當匯入到iClone進行使用嗎？可以的，建議匯出使用.popVideo格式。（圖122）

圖122　PopVideo Converter 2匯出

6. 若要選擇匯出區域範圍，可勾選Crop Video Area。（圖123）

圖123　勾選Crop Video Area（這是給予影片使用，在此說明）

7. 若整體完成（含設定）之後，直接點選Convert囉！（圖124至圖126）

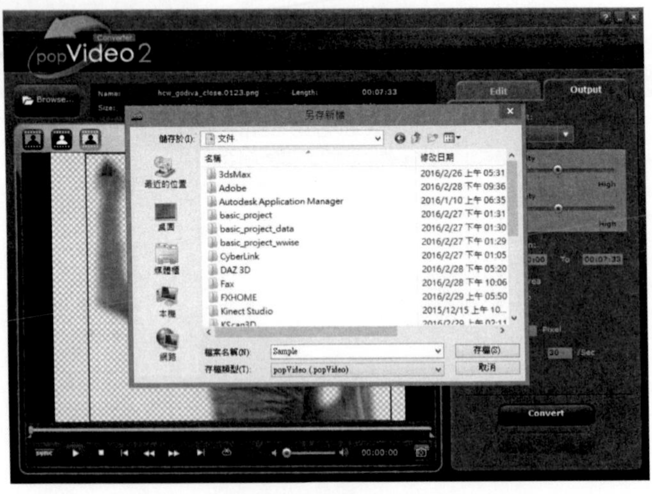

圖124　去除綠幕圖片儲存至外部文件檔案

（左）圖125　Popvideo Converter 2 匯出中（右）圖126 Export media file Completed

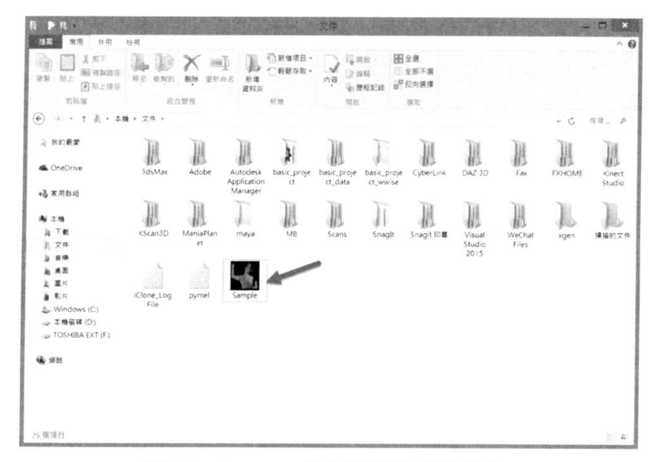

圖126　Popvideo匯出的檔案（箭頭指）

8. 最後，再將所匯出.PopVideo匯入iClone（請按滑鼠右鍵拖曳）。

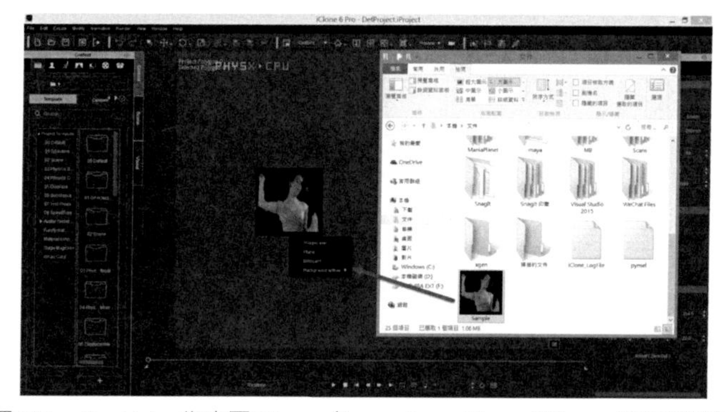

圖127　.PopVideo拖曳至iClone（imageLayer/Plane/Billboard等等選擇）

補充介紹：Popvideo Converter 2功能使用

紅色箭頭：代表總長度時間軌道（圖129）

黃色箭頭：代表可選擇起訖時間範圍（適用影片）（圖129）

A：代表同步（圖129）

B：代表播放控制器（含音量大小及時間）（圖129）

C：代表：截圖（圖129）

圖129　PopVideo Conver播放功能等介紹

圖130　PopVideo Conver遮罩翻轉功能介紹

圖130箭頭1：Source Video（圖131）

圖131　Source Video也就是原始呈現效果

圖130箭頭2：Mask Video（圖132）

圖132　Mask Video需遮罩的地方變白，背景成黑（可修正顏色）

圖130箭頭3：Transparent Video（圖133）

圖133　Transparent Vieo去背效果

圖130箭頭4：旋轉影像

圖130箭頭5：放大縮小或拖曳影像

結論，Popvideo Converter 2是一套專門快速去除綠幕（藍幕）的背景，可匯入到iClone進行合成動畫效果使用哦！此外，去除綠幕專業的平台還是在After Effect或Nuke進行特效。

單元8

iClone for Indigo RT
算圖運用介紹

iClone真的很強大了（圖134），果然是台灣開發的系統創作工具。從iClone 6開始擁有擬真效果囉！它是一個外掛式Plug-in算圖插件，逼近真實感的效果體——Indigo RT。Indigo RT可用在3D Max、Blender、CINEMA4D、Sketchup及iClone之擬真效果插件。那麼該如何運用Indigo RT呢？圖135是Indigo RT算圖視窗。

圖134　Indigo RT Plug-in（iClone需6.2以上版本）

圖135　Indigo RT算圖視窗

使用Indigo RT須注意Indigo是傳統3D運算圖且不支援2D背景圖，若需要啟動2D背景圖，使用Plane取代且Render出來。

介紹Indigo RT 各項工作區域及如何去運用Indigo RT進行算圖的呈現呢？！（圖136）就來教導各位操作功能吧！

圖136　Indigo RT算圖視窗各功能

表31　Indigo RT算圖視窗各功能說明

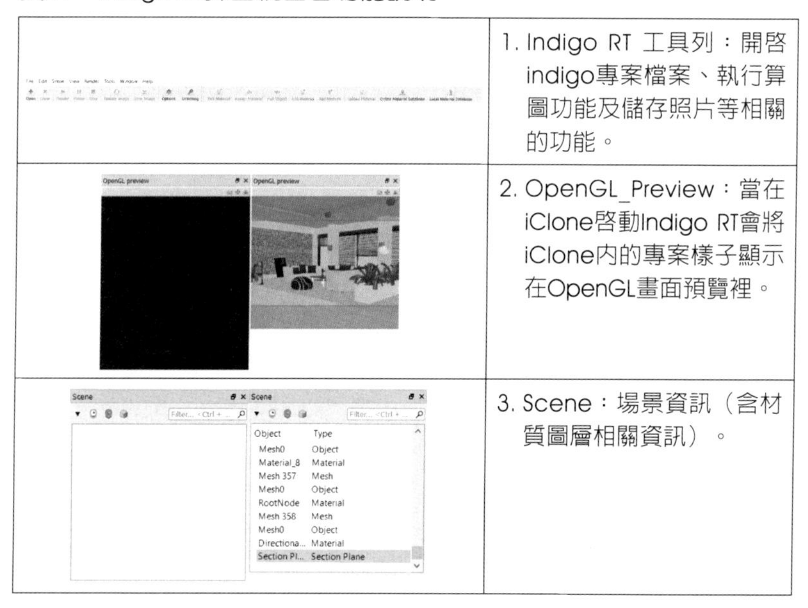

	1. Indigo RT 工具列：開啓indigo專案檔案、執行算圖功能及儲存照片等相關的功能。
	2. OpenGL_Preview：當在iClone啓動Indigo RT會將iClone内的專案樣子顯示在OpenGL畫面預覽裡。
	3. Scene：場景資訊（含材質圖層相關資訊）。

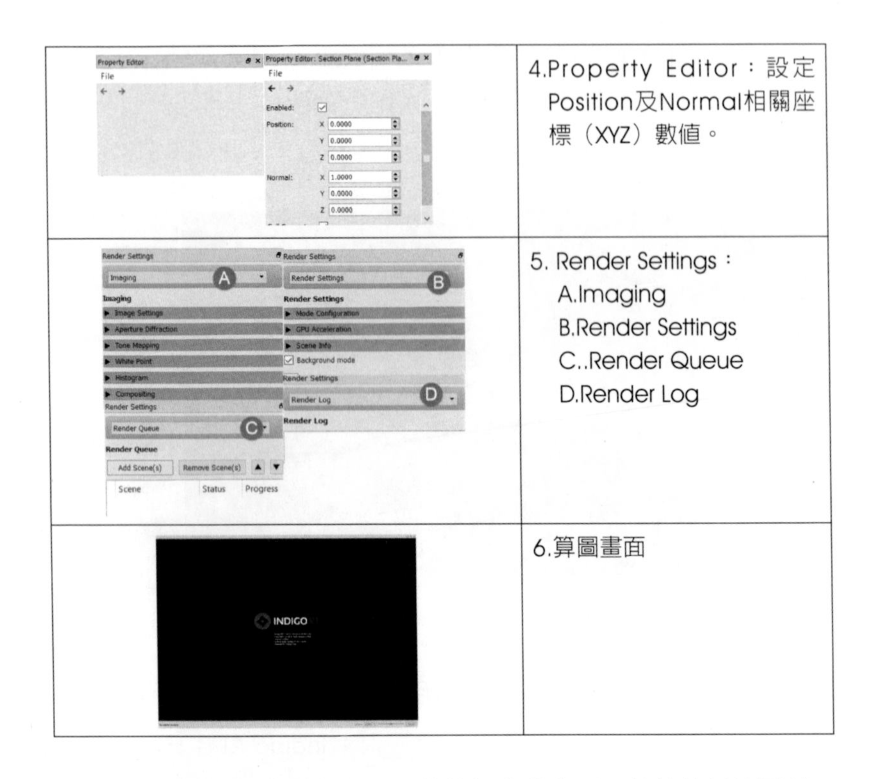

	4.Property Editor：設定Position及Normal相關座標（XYZ）數值。
	5. Render Settings： A.Imaging B.Render Settings C..Render Queue D.Render Log
	6.算圖畫面

圖137是iClone啟動Indigo RT的執行啟動畫面，秒數執行算圖喔！建議：需啟用GTX970以上獨立顯示卡，這樣在算圖上會比較穩定喔！

圖137　執行Indigo RT算圖結果

接下來要介紹的是，在Indigo RT-Render Setting：Imaging、Render Settings、RenderQueue及Render Log相關設定資訊說明。先來介紹Render Setting-Imaging（以下簡稱Imaging）：Imaging內需可自行設定Image Settings、Aperutre Diffaction、Tone Mapping、White Point、Histogram及Compositing之相關設定。

Image Settings：影像大小（可鎖定）及SuperSampling Factor調整值。Aperture Diffraction：可啟用aperture diffraction。（圖138）

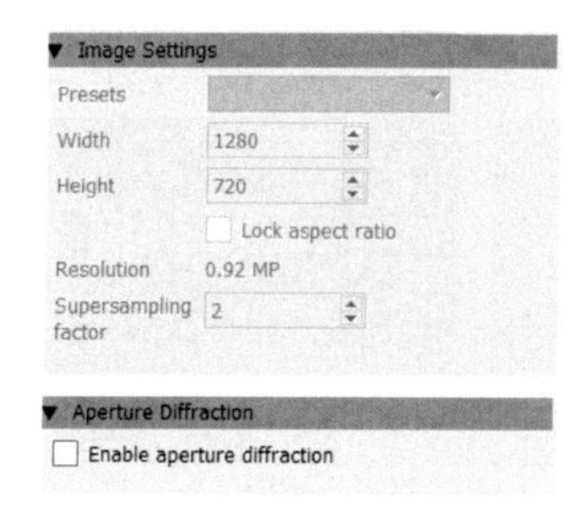

圖138　（上）Image Settings、（下）Aperture Diffraction

Tone Mapping：表32至表44是對於Tone Mapping之Method功能運算結果。（圖139）

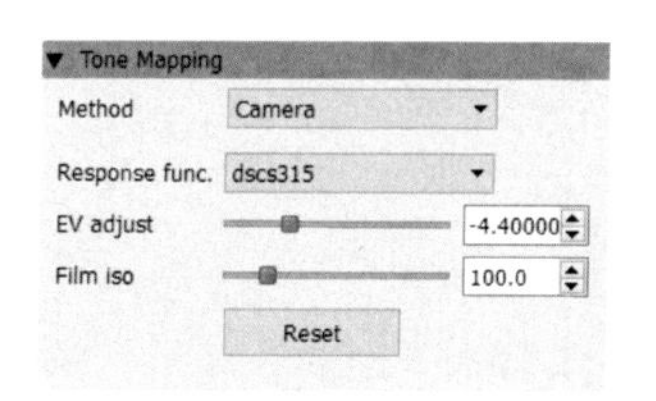

圖139　Tone Mapping

- Method **Camera**：可調整Response Func./ Ev adjust / Film iso。
- Method **Linear**：可微調Scale。
- Method **Reinhard**：可調整Prescale/Postscale/Burn 值。

表30　Camear_Response Func：advantix系列

advantix-100 CD	advantix-200CD	advantix-400CD

表33　Camear_Response Func：Ektachrome系列

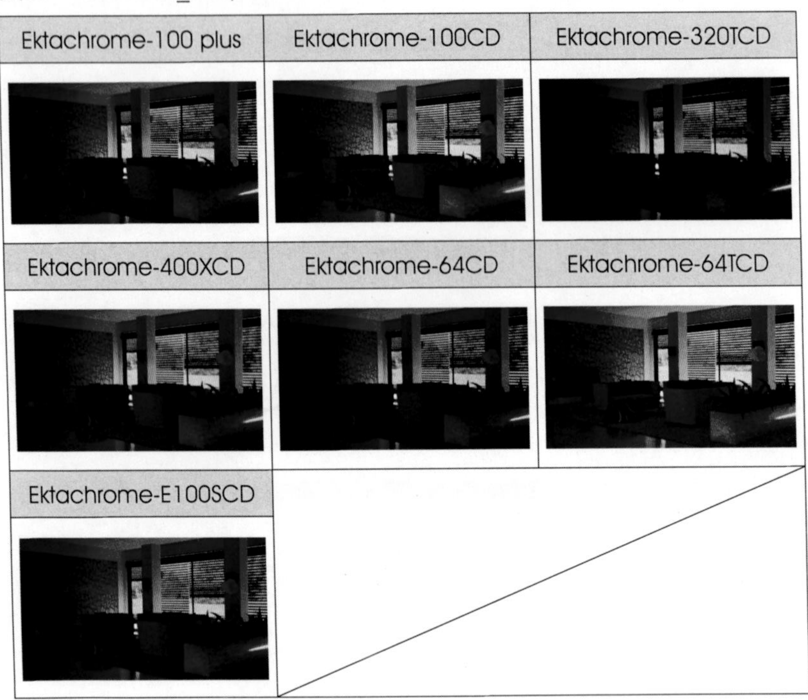

Ektachrome-100 plus	Ektachrome-100CD	Ektachrome-320TCD
Ektachrome-400XCD	Ektachrome-64CD	Ektachrome-64TCD
Ektachrome-E100SCD		

表34　Camear_Response Func：F系列

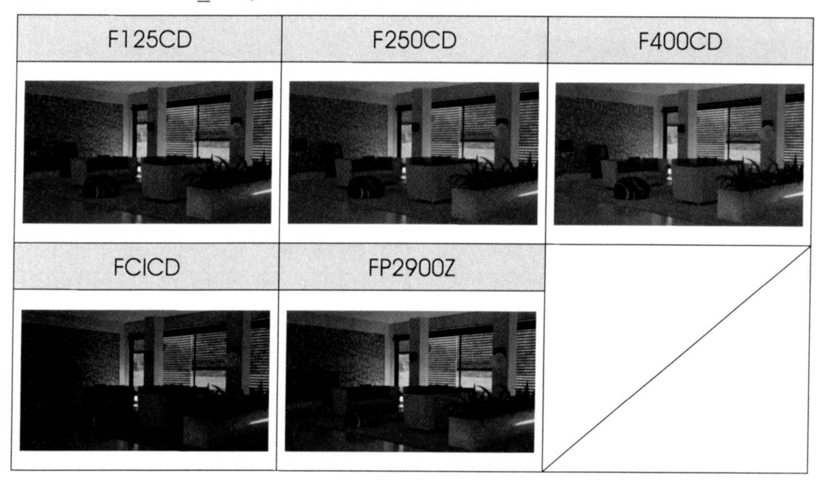

表35　Camear_Response Func：Gold系列

表36　Camear_Response Func：koachrome系列

表37　Camear_Response Func：Max-Zoom-800CD

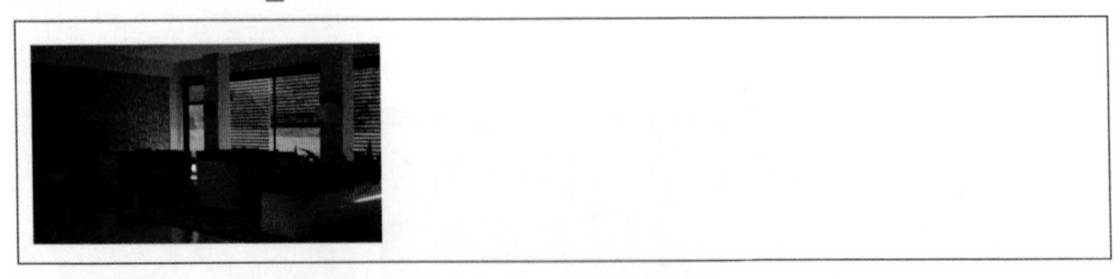

表38　Camear_Response Func：Portra系列

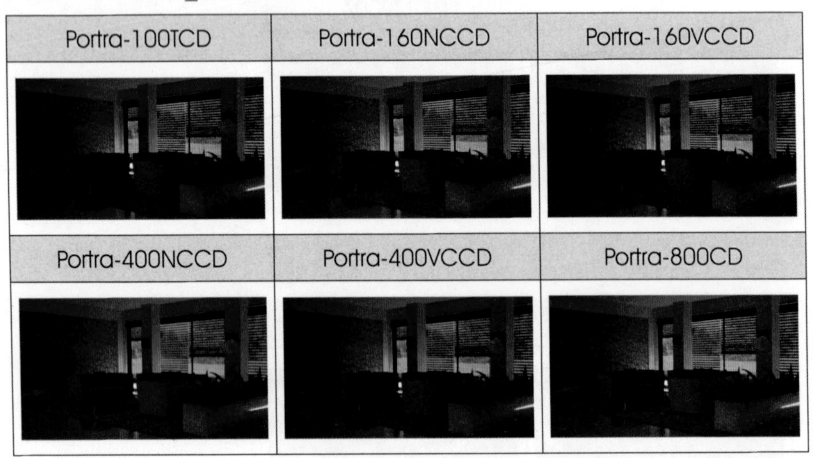

Portra-100TCD	Portra-160NCCD	Portra-160VCCD
Portra-400NCCD	Portra-400VCCD	Portra-800CD

表39　Camear_Response Func：agfachrome系列

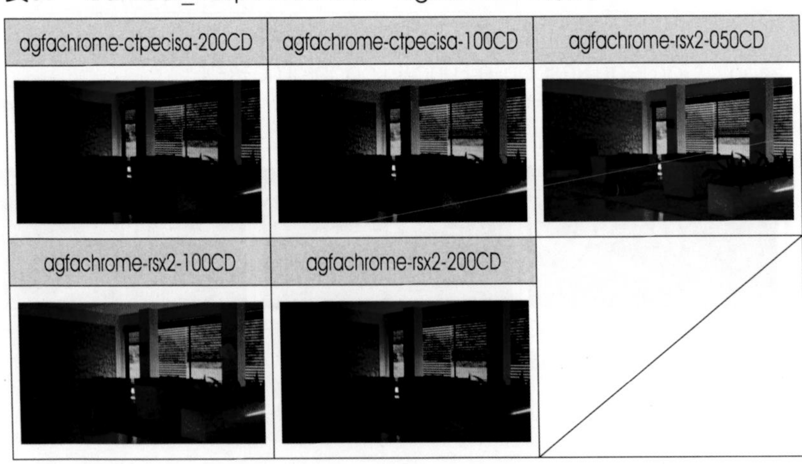

agfachrome-ctpecisa-200CD	agfachrome-ctpecisa-100CD	agfachrome-rsx2-050CD
agfachrome-rsx2-100CD	agfachrome-rsx2-200CD	

表40　Camear_Response Func：agfacolor系列

agfacolor-futura-100CD 	agfacolor-futura-200CD 	agfacolor-futura-400CD 
agfacolor-futurall-100CD 	agfacolor-futurall-200CD 	agfacolor-futurall-400CD 
agfacolor-hdc-100plus 	agfacolor-hdc-200plusCD 	agfacolor-hdc-400plusCD 
agfacolor-optimall-100plusCD 	agfacolor-optimall-200plusCD 	agfacolor-ultra-050-CD 
agfacolor-vista-100CD 	agfacolor-vista-200CD 	agfacolor-vista-400CD 
agfacolor-vista-800CD 		

表41　Camear_Response Func：agfapan系列

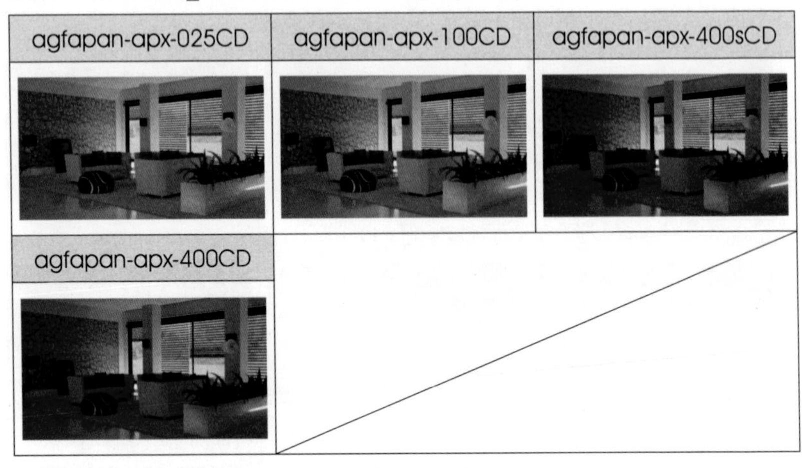

agfapan-apx-025CD	agfapan-apx-100CD	agfapan-apx-400sCD
agfapan-apx-400CD		

表42　Camear_Response Func：dscs系列

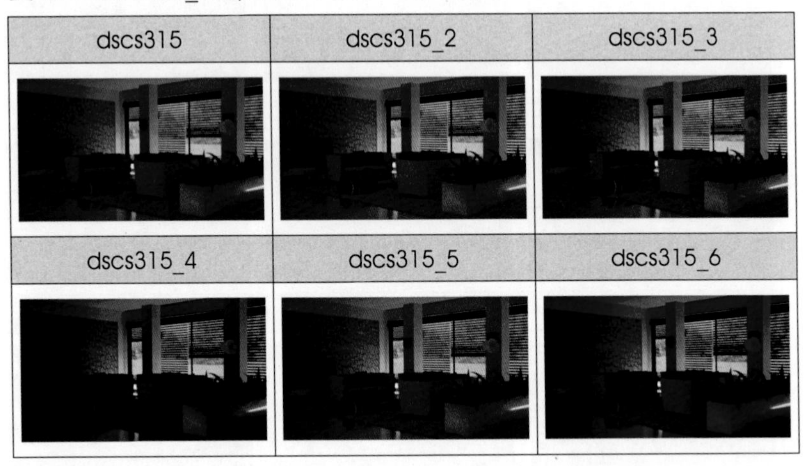

dscs315	dscs315_2	dscs315_3
dscs315_4	dscs315_5	dscs315_6

表43　Linear（微調Scale值）

Linear 0.24	Linear	Linear 3.16

表44　Reinhard（微調Prescale、Postscale、Burn值）

Reinhard（0.5_4.5_9.1）	Reinhard	Reinhard（8.9_2.1_7.9）

總共13表單之啟動Indigo執行運算Tone Mapping Method （Linear/Reinhar/Cameara）各項運算的呈現圖，逼近擬真效果運算結果。

表45　iClone暨Indigo RT前後對照

iClone	Indigo RT

表45中兩張圖，左圖是iClone匯出的效果呈現圖，右圖是Indigo RT運算出來的效果圖，由此可證，Indigo RT在算圖逼近真實感的效果呈現喔！

White Point：White Point（白平衡），圖141是White Point-Preset各類模式的所呈現的效果，隨著選取某Preset模式，會更動WhitePointXY座標且也可自行調整座標。此外，表46是White Point中Preset模式結果圖；表47是Histogram及Compostiting示意圖。

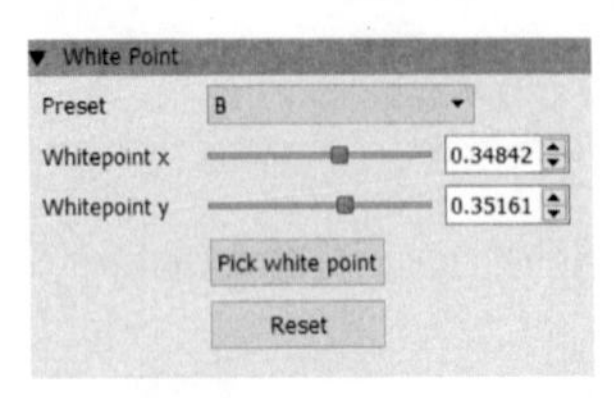

圖141　White Point

表46　White Poin-Preset模式結果圖

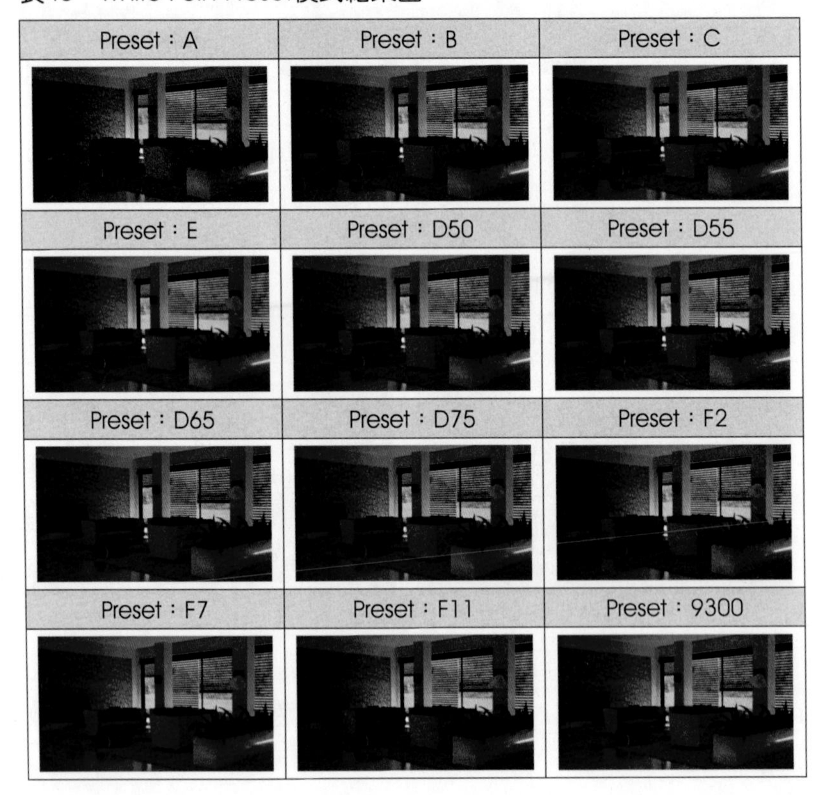

Preset：A	Preset：B	Preset：C
Preset：E	Preset：D50	Preset：D55
Preset：D65	Preset：D75	Preset：F2
Preset：F7	Preset：F11	Preset：9300

表47　Histogram及Compostiting示意圖

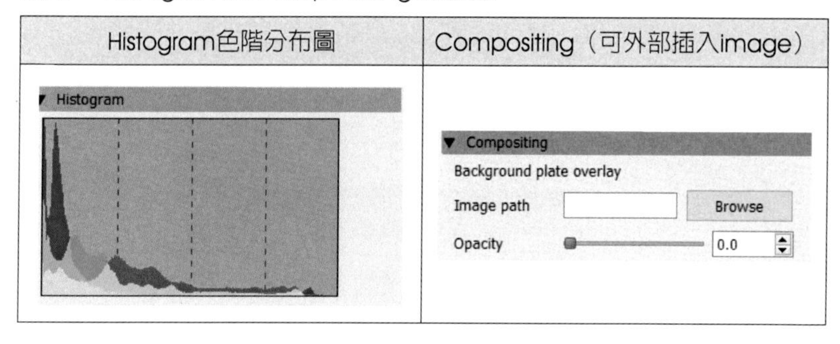

Histogram色階分布圖	Compositing（可外部插入image）

Render Settings：是在Indigo RT相關設定資訊，例如：Mode Configuration、GPU Acceleration及Scene Info（場景資訊）。

Mode Configuration：Render Mode、Foreground Alpha及Halt time（SPP）設定值。（圖142）

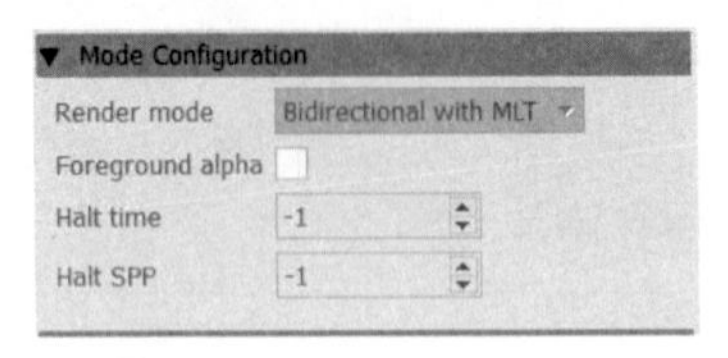

圖142　Mode Configuration

GPU Acceleration：GPU資訊。（圖143）

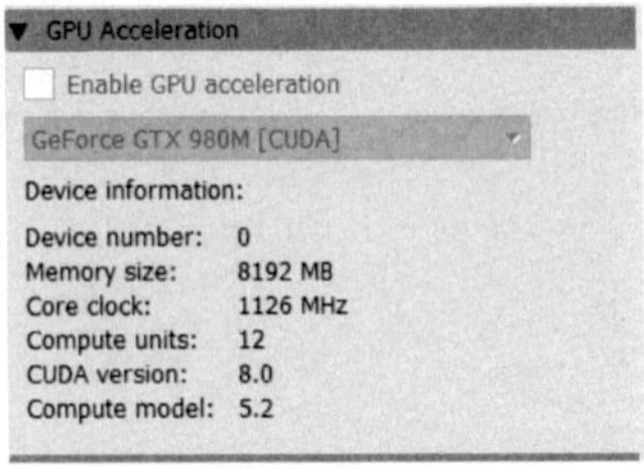

GPU Acceleration
Enable GPU acceleration
GeForce GTX 980M [CUDA]
Device information:
Device number: 0
Memory size: 8192 MB
Core clock: 1126 MHz
Compute units: 12
CUDA version: 8.0
Compute model: 5.2

圖143　GPU Acceleration

Scene Info：場景相關資訊。（圖144）

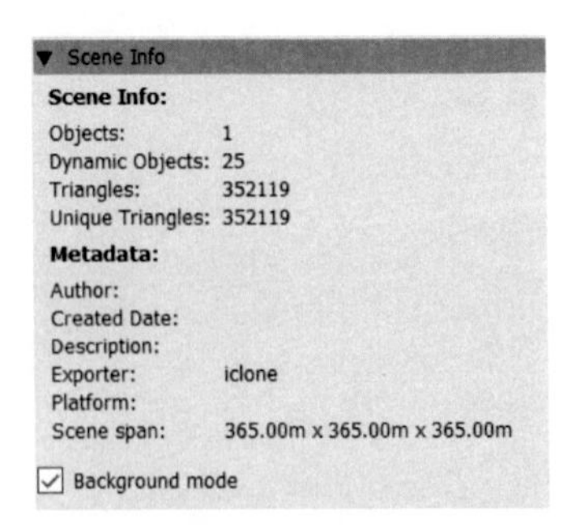

圖144　Scene Info

Render Queue：可加入場景或移除場景等。（圖145）

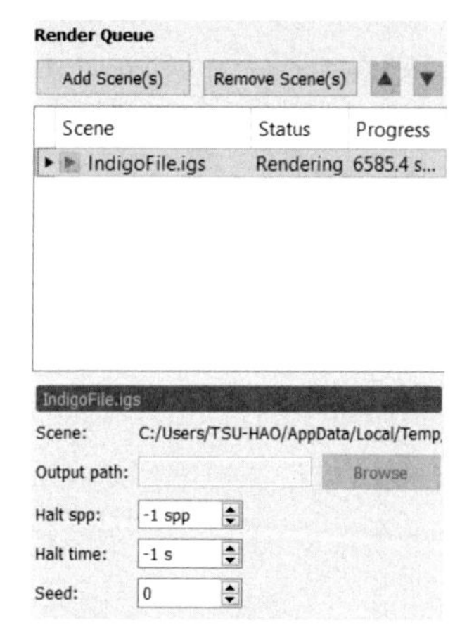

圖145　Render Queue

Render Log：Indigo RT詳細運作執行相關資訊。（圖146）

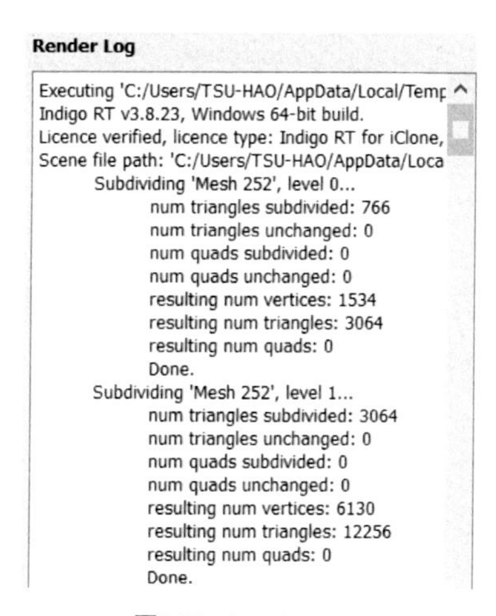

圖146　Render Log

表48 iClone for Indigo RT各功能說明

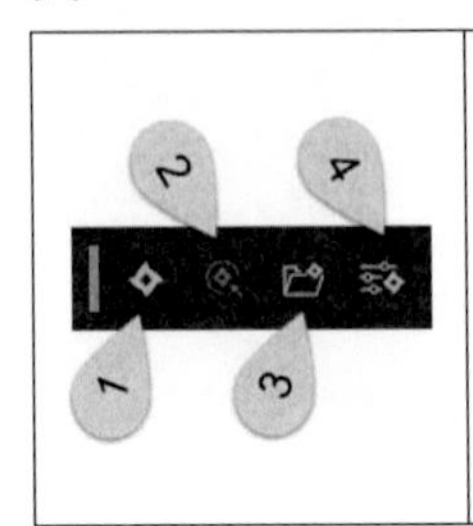	1. Render Scence：讀取場景。 2. Render Selected Object ： 讀取選擇物件。 3. Export Scence as ：匯出場景來自於。 4. Render Setting：Indigo RT讀取設定，包含材質編輯（Indigo Material Editor）、Indigo環境編輯（Indigo Environment）、iClone Lights、RenderSetting。

表48是Indigo RT在iClone執行運算之各功能介紹。Indigo RT是必須在iClone 6.2以上版本即可執行運算圖結果。

圖147是Indigo RT 中各項Render Stting讀取相關設定：

A. Indigo Material Editor（Indigo材質編輯器）：在Indigo場景中可編輯材質、啟用IGM Material或選擇Smooth Normal等材質相關設定。

B. Indigo Environment （Indigo環境設定）：在Indigo 環境設定當中，可使用iClone燈光（iClone Light Only）、Background Color背景燈光、Indigo Sun and Sky（Indigo天氣燈光）等環境燈光設定。

C. iClone Lights：indigo Setting當中，可清楚知道iClone Lights相關資訊。

D. Render Settings ：讀取設定，可設定輸出Frame Size及Frame Range等相關輸出設定值。

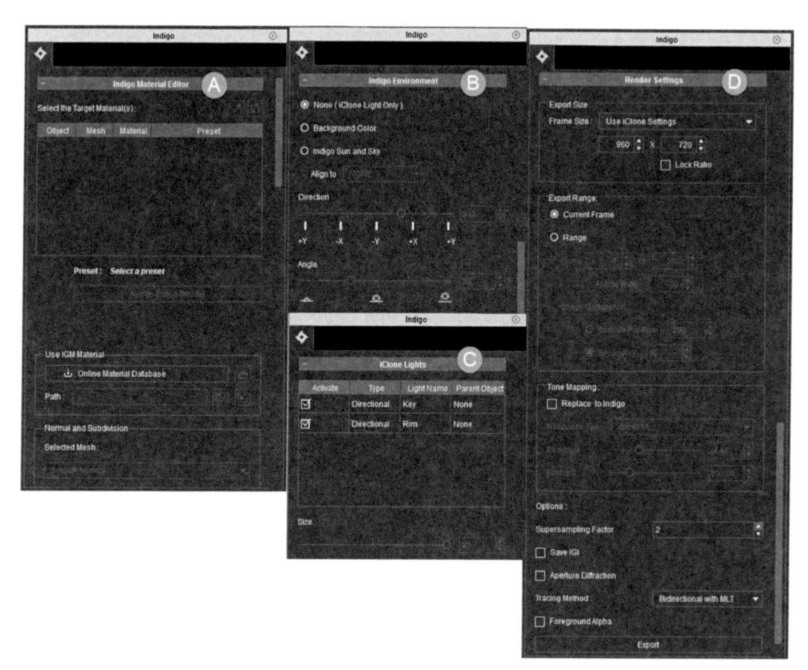

圖147　Render Setting相關資訊

單元9

iClone輸出Hitfilm 4 Experess

在iClone製作出來的影片，可以輸出並匯入到Hitfilm 4 Express進行後製特效處理，因Hitfilm 4 Express是後製特效剪輯軟體，著名的電影《鋼鐵人》也是使用此等後製特效進行視訊剪輯處理。Hitfilm 4 Express並且擁有多種內建特效應用喔！到底，該如何將iClone視訊剪輯匯入到Hitfilme 4進行後製？

圖148　Hitfilm剪輯畫面並匯入視訊（紅色箭頭）。

從圖149得知，可知道從iClone匯入到Hitfilm可匯入視訊進行後製特效剪輯，並且可讓將影片使用Hitfilm進行後製特效的製作。

圖149　Hitfilm剪輯畫面並匯入呈現圖

單元10

捕捉動作暨設備科技應用介紹

10-1、Neuron設備介紹

Neuron是一套虛擬動作捕捉即時Mocap設備，跟Kinect相關設備完全不一樣。熟知Kinect設備進行的是人物動作擷取（含骨架偵測），Neuron多了可跟虛擬世界即時動作擷取偵測的一套捕捉裝置設備系統。並且，所支援的多方軟、硬體工具平台，包含有：iClone、3Ds Max、Maya、Unity、Unreal Engine 、Motion Builder、Oculus等等支援。相對地，使用Neuron進行開發且所支援的軟、硬體平台，各有專屬的Plug-in，例如：若要在iClone上使用Neuron進行動作捕捉擷取，請先安裝Mocap Device Plug-in （Perception Neuron）方可使用。Neuron輸出角色格式，支援.fbx、.bvh及.c3d輸出格式，且體積小、近所有動作擷取都能偵測。（圖150及圖151）

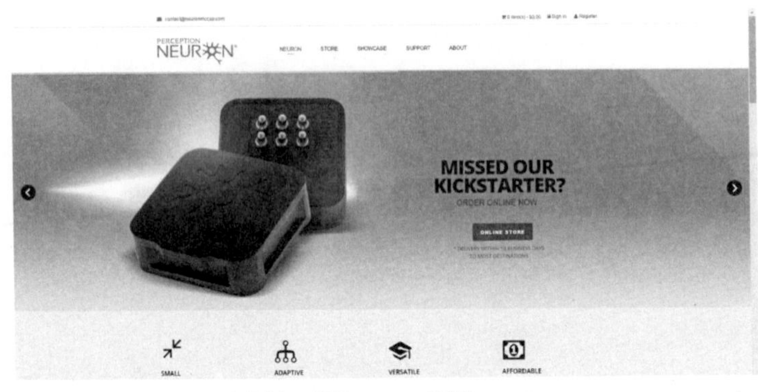

圖150　NEURON官方網站，擷取Neuron官網https://neuronmocap.com/

	Latest Version	Operating System
Axis Neuron Standard	2740	Windows x64 Windows x86
Motionbuilder Plugin		Windows x86, Windows x64
UNITY SDK	0.2.5	Windows x86, Windows x64
Unreal Plugin		Windows x86, Windows x64
Neuron Data Reader SDK	b15	Windows x86, Windows x64, Macintosh

圖151　NEURON支援平台工具使用的Plug-in，擷取Neuron官網

以下表46是NEURON教學示範：

表49　NEURON教學示範照片

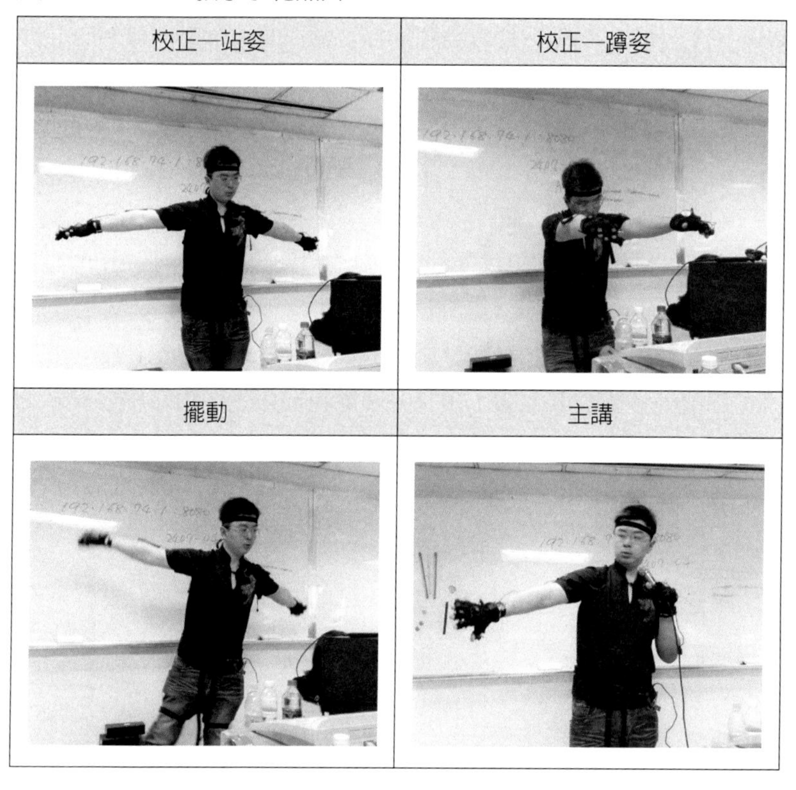

10-2、MOCAP及Kinect for Windows V_1-iClone 5

若要在iClone 5環境執行角色動作擷取，可啟動Mocap Device Plug-in $V_{1.1}$與Kinect進行連線運作。請注意：Mocap Device Plug-in與Kinect設備有不一樣的擷取驅動程式。如下：

- For Windows 7 With Kinect For Xbox Device
- For Windows 7以上With Kinect for Windows Device
- For Windows XP, Vista

在安裝Mocap Device Plug-in時，請依照您的系統及所使用的設備進行安裝，不然，電腦會跳出此訊息。

圖152訊息說明：若已經安裝Mocap Device Plug-in其中一個版本，不能直接安裝其他版本，請先移除目前版本，再後續安裝新的版本。

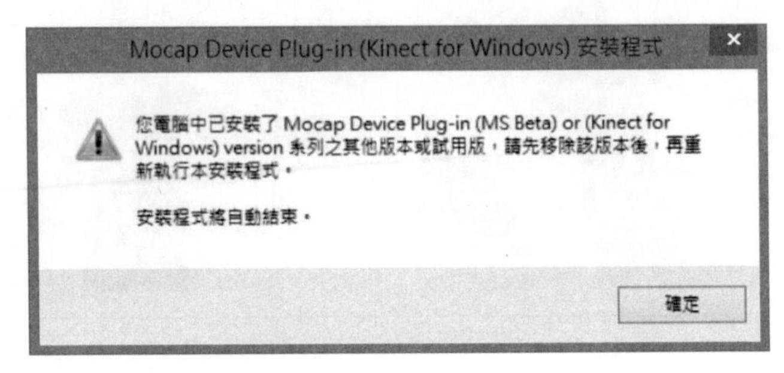

圖152　Mocap Device Plug-in已安裝版本

圖153訊息說明：若您沒安裝Mocap Device Plug-in主要程式，就無法進行安裝Mocap Device Plug-in Path更新檔案。請先安裝Mocap Device Plug-in主要程式，方可進行安裝Mocap Device Plug-in Path更新程式。

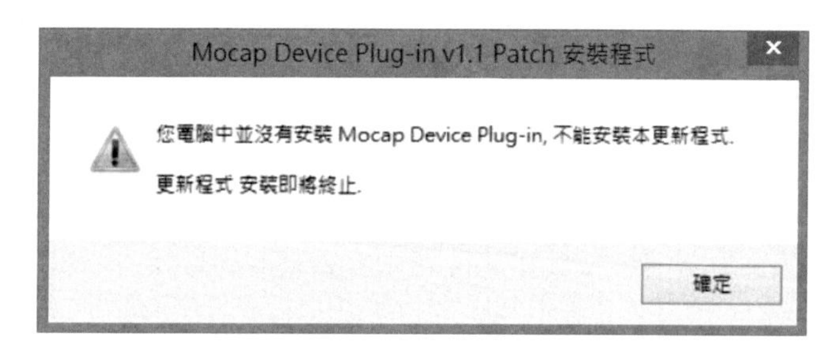

圖153　Mocap Device Plug-in Path安裝程式

圖154訊息說明：若已經安裝其他更新程式，請先等待且將目前所屬的安裝程式，安裝完畢，再安裝後續的程式，例如：Mocap Device Plug-in Path。

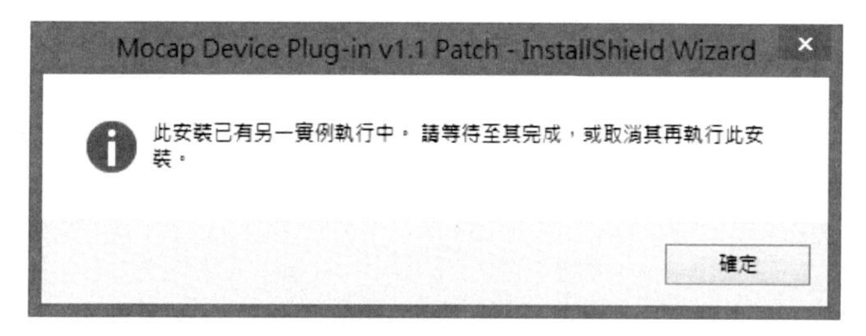

圖154　Mocap Device Plug-in V1.1 Path

進行安裝Mocap Device Plug-in 時，需要安裝Kinect for Windows 驅動程式，因Mocap Device 須以Kinect進行連接，才能進行動作捕捉偵測。（圖155）

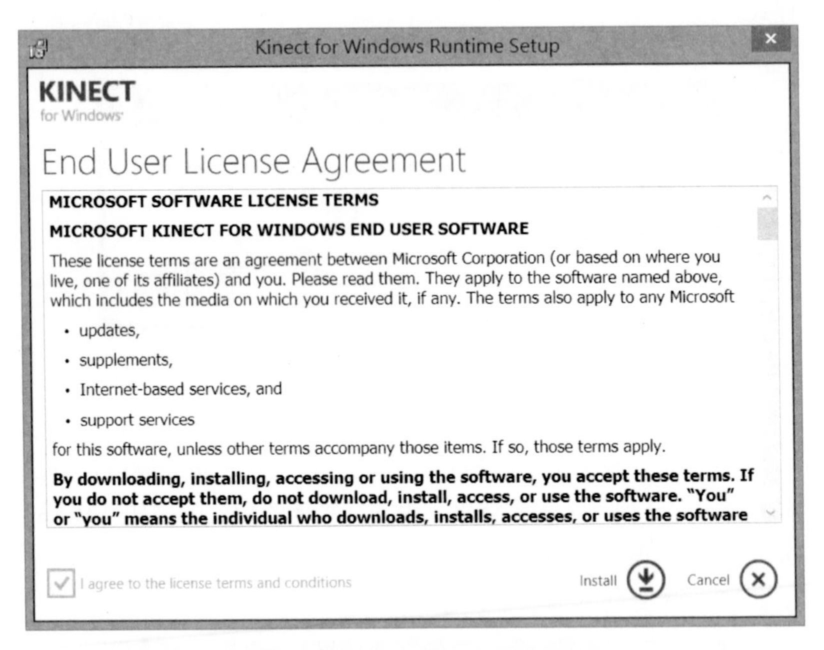

圖155　Kinect for Windows 安裝程式

Mocap Device Plug-in使用Kinect設備，因Kinect可分遊戲機（Xbox）動作擷取及Kinect開發機動作擷取，設備不同，然而執行的驅動也有會不同哦！

圖156　Mocap Device Plug-in $V_{1.1}$

表50　Mocap Device Plug-in功能圖示說明圖

圖示	功能	說明
Connect	連線	使用Mocap Device Plug-in，需要跟Kinect 相關設備進行連線，此外，連線之後，Connect變成Disconnect哦。
Disconnect	已連線	
Calibration	動作示範	動作教學示範。
Camera Calibration	鏡頭校準	若Kinect 尚未偵測骨架，可使用鏡頭笑準，重新將鏡頭校正，準確地偵測骨架。

圖157說明：Mocap Device Plug-in尚未進行動作擷取，亮紅燈。

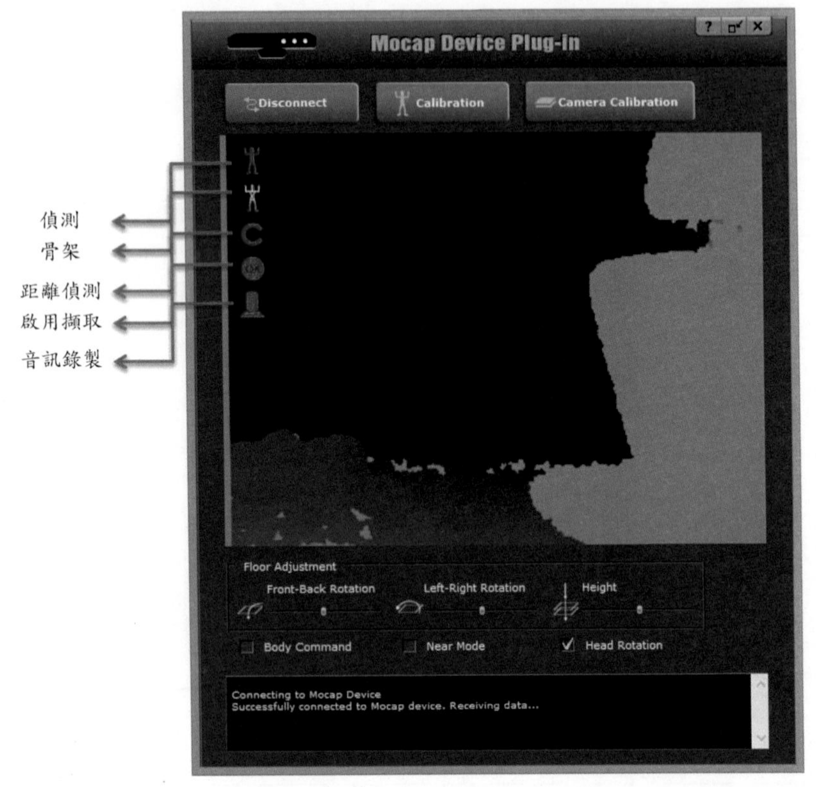

圖157 Mocap Device Plug-in Kinect（已經與Kinect設備連接）說明

圖158說明：Mocap Device Plug-in已經與Kinect for Windows相關設備連接，且人已經站在Kinect攝影機的鏡頭前面，呈現綠燈及偵測骨架。

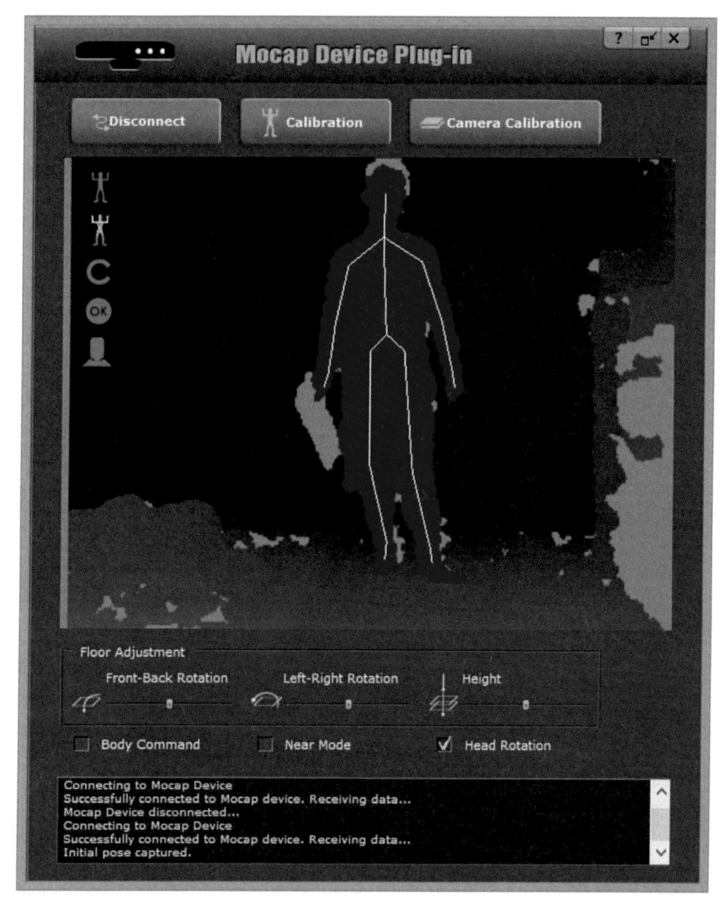

圖158　Mocap Device Plug-in（已偵測人角色畫面）

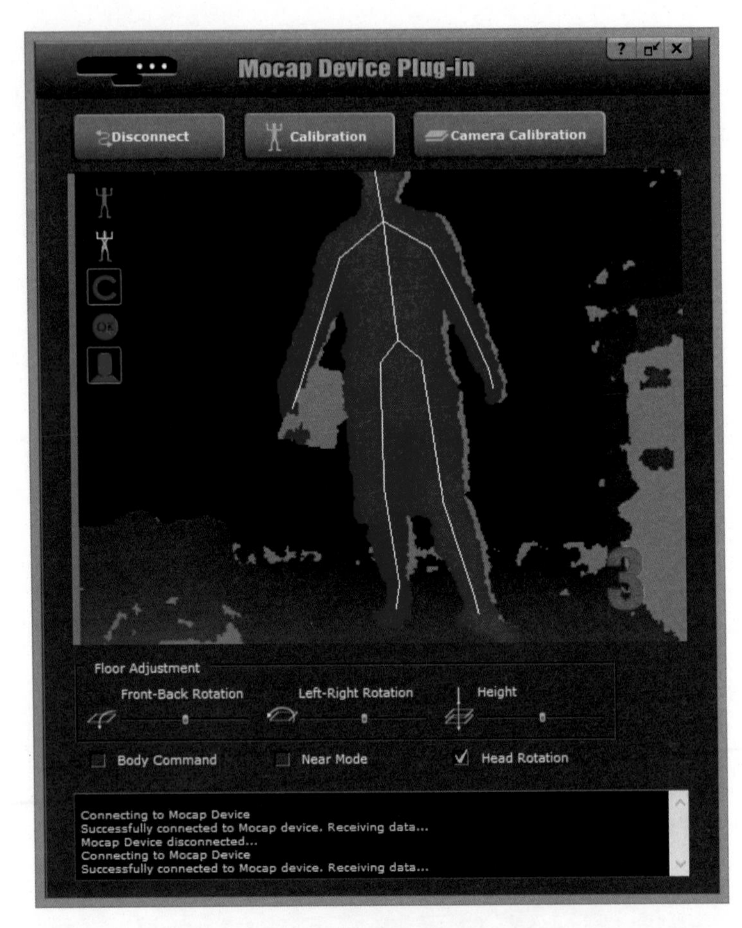

圖159 Mocap Device Plug-in偵測倒數

此外，若要在iClone 5進行動作擷取，是可以的。因為，我們只要在角色（人形）匯入到iClone且角色可偵測到骨架，即可進行偵測擷取動作哦。若出現iClone Reminder 視窗訊息，代表您尚未開啟Mocap Device Plug-in，因若要在iClone進行動作捕捉，那一定要先開啟Mocap Device Plug-in才可以正確的啟動捕捉系統。

圖160說明是無法偵測到Kinect相關設備。

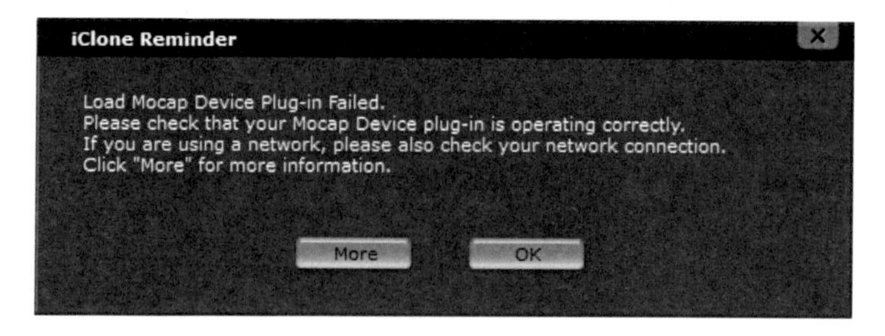

圖160　iClone Reminder

圖161　iClone 5Mocap Device Plug-in動作擷取（Real-Time）角色

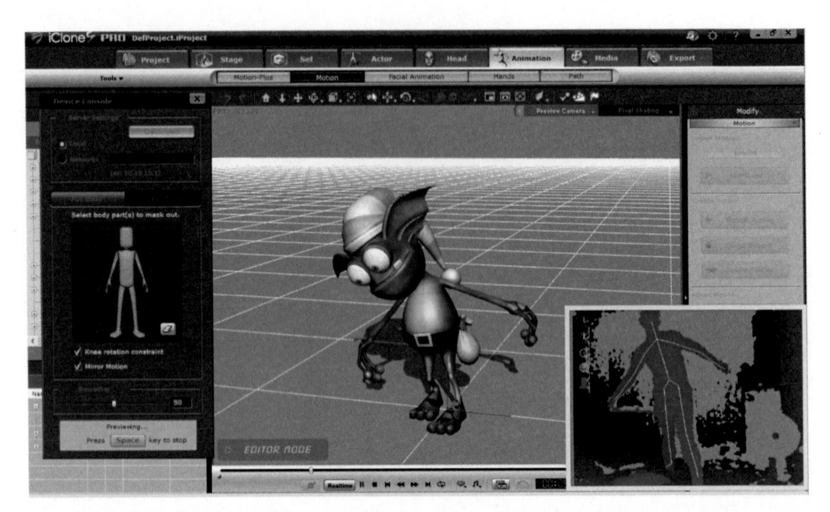

圖162　iClone 5Mocap Device Plug-in動作擷取（Real-Time）寵物

圖161及圖162是進行Mocap Device，動作捕捉偵測，是可Real-Time偵測動作（人）捕捉擷取。可即時觀看捕捉偵測動作哦！

10-3、MOCAP及Kinect for Windows V_2-iClone 6

Microsoft Kinect for Windows V_2是一套整合性開發體感設備，因擁有Xbox 360及PC系統。Micorosoft Kinect for Windows V_2與Microsoft Kinect for Windows V_1相較之下，Microsoft Kinect for Windows V_2 推薦選擇使用，無論在開發或進行遊戲是一套整合性的體感設備。接下來，在本單元中，重新為您介紹Microsoft Kinect for Windows V_2設備應用及體感控制相關設定，使您對於Micorosoft Kinect for Windows V_2進階認識。

在安裝使用Kinect for Windows V_2需與電腦進行連接，會先安裝兩個驅動程式- 1.NuiSensor Adaptor（圖163）及2.Xbox NUI Sensor（圖164），這兩類是主要驅動裝置設備程式。

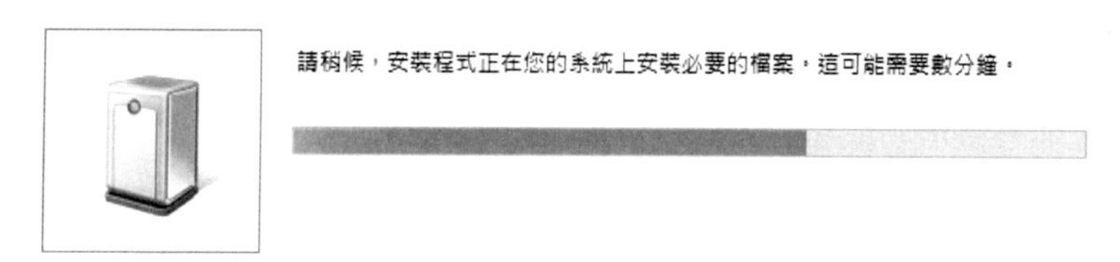

圖163　NuiSensor Adaptor

圖164　Xbox NUI Sensor

裝置驅動完成之後，需下載Kinect for Windows V_2 SDK（套件名稱：Kinect for Windows SDK 2.0）進行開發上的安裝，Kinect for Windows V_2僅限於Windows 8（以上）作業系統執行使用。（圖165）

Kinect for Windows SDK 2.0

Registration Suggested

Registration takes only a few moments and allows Microsoft to provide you with the latest resources relevant to your interests, including service packs, security notices, and training.Please click the **Continue** button. Registration is suggested for this download:

The Kinect for Windows Software Development Kit (SDK) 2.0 enables developers to create applications that support gesture and voice recognition, using Kinect sensor technology on computers running Windows 8, Windows 8.1, and Windows Embedded Standard 8.

圖165　Kinect for Windows SDK 2.0

無論安裝Microsoft Kinect for Windows V_1或Microsoft Kinect for Windows V_2的體感互動裝置設備，Microsoft Kinect SDK主程式，需安裝Kinect SDK Program安裝程式。（圖166）

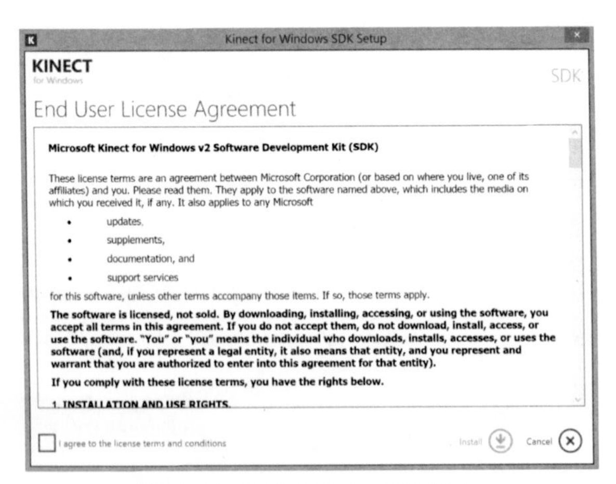

圖166　Kinect for Windows SDK Setup

安裝完成Microsoft Kinect for Windows V_2之Kinect for Windows SDK 2.0您會得到兩個控制元件——「Microsoft Kinect Studio（圖167）」、「Microsoft Visual Gesture Builder（圖168）」及SDK Brower（Kinect for Windows）v_2.0（圖169）開發相關套件下載工具包。

圖167　Microsoft Kinect Studio

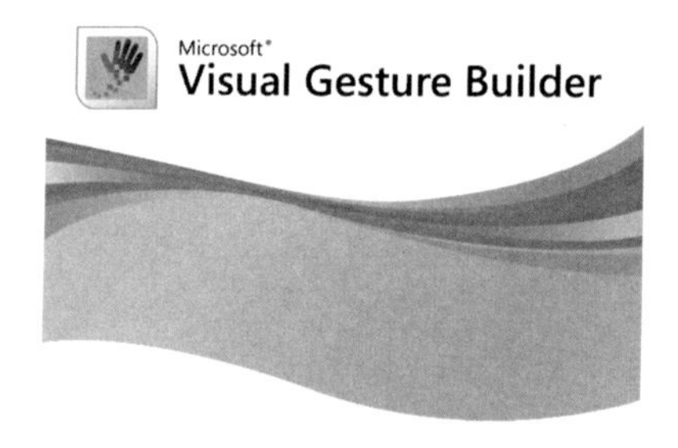

圖168　Microsoft Visual Gesture Builder

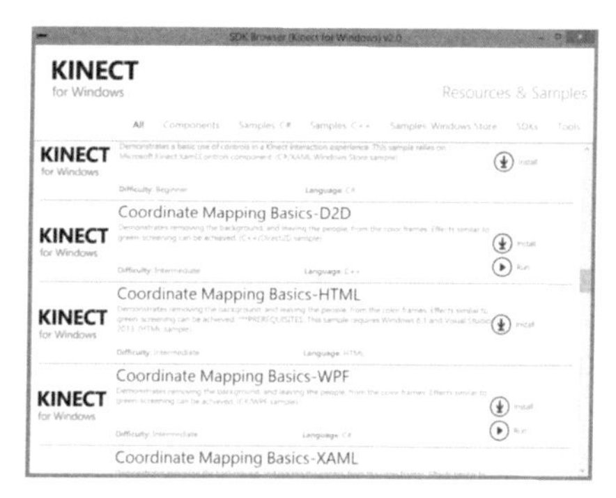

圖169　SDK Brower（Kinect for Windows）v_2.0

首先介紹，SDK Brower（Kinect for Windows）v_2.0開發工具包（圖170）如何使用及哪些所有的SDKs開發工具用於何處呢？Kinect for Windows v_2.0 SDK可分為兩類——1.SDK開發主程式及2.開發所使用工具。SDK開發主程式，包含有：「Speech Platform SDK」；開發所使用的工具，包含「Kinect Configuration Verifier」、「Kinect Studio」、「Visual Gesture Builder - PREVIEW」、「Kinect Studio Utility」及「Visual Gesture Builder Viewer」。當然Kinect for Windows有SDK Sample（C#、C++及Windows Store）來做介紹。

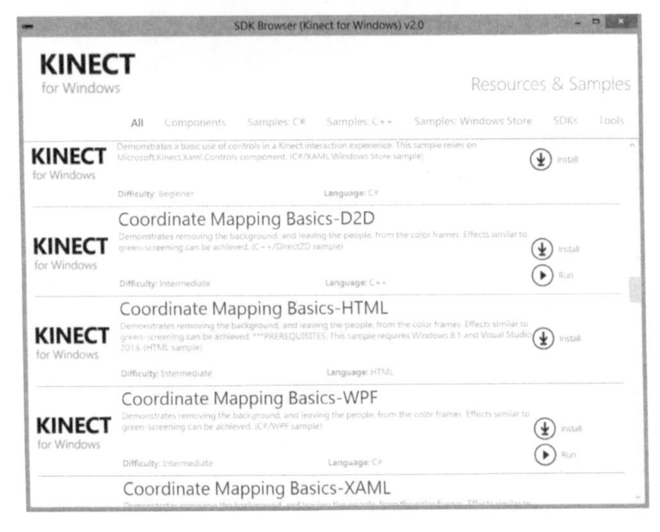

圖170　SDK Brower（Kinect for Windows）v_2.0

Speech Platform SDK是語音引擎平台的開發主要程式，用於Kinect語音辨識或進行任何語音開發的工具。在Microsoft Kinect for Windows V_2中Speech Platform SDK需下載Microsoft Speech Platform-Software Development Kit（SDK）（Version11）專屬的語音開發元件。（若對於Kinect for Windows V_2 語音辨識開發可進行下載）（圖171至圖172）

Microsoft Speech Platform - Software Development Kit (SDK) (Version 11)

Language: English Download

Software Development Kit (SDK) for the Microsoft Speech Platform Runtime 11.

⊕ Details
⊕ System Requirements
⊕ Install Instructions
⊕ Additional Information
⊕ Related Resources

Visual Studio 2015

Tools for every developer and every app.

圖171　Microsoft Speech Platform-Software Development Kit（SDK）

Choose the download you want

File Name	Size
x86_MicrosoftSpeechPlatformSDK\MicrosoftSpeechPlatformSDK.msi	8.4 MB
Microsoft Speech Platform SDK 11 License.rtf	65 KB
Microsoft Speech Platform SDK 11 Release Notes.rtf	169 KB
MicrosoftSpeechSDK.chm	5.4 MB
x64_MicrosoftSpeechPlatformSDK\MicrosoftSpeechPlatformSDK.msi	8.7 MB

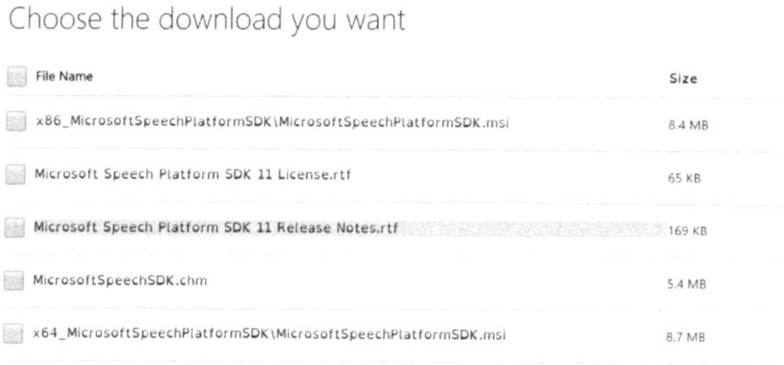

圖172　Microsoft Speech Platform-Software Development Kit（SDK）元件下載

若要進行語音引擎Kinect開發，建議使用X64位元進行環境下載開發，因目前所有的電腦作業系統都屬於Windows OS 64 bit作業系統。除了，Software Development Kit（SDK）（Version）之外，還有兩個元件必須下載Runtime及Runtime Languages。附上三個元件Software Development Kit、Runtime及Runtime Languages下載網址：

1. Microsoft Speech Platform-Software Development Kit（SDK）（Version11）

   下載網址：https://goo.gl/7Dfy0g

2. Microsoft Speech Platform–Runtime（Version 11）

   下載網址：https://goo.gl/kcojpC

3. Microsoft Speech Platform-Runtime Languages（Version 11）

   下載網址：https://goo.gl/kcojpC

要如何使用Microsoft Kinect Studio與Kinect for Windows V_2進行動作捕捉偵測呢？相信很多人一拿到Kinect相關設備（Kinect for Windows V_2）即使安裝驅動程式之後，就不知道該如何使用？那麼，就來教各位使用Kinect for Windows V_2的設定方法及教學進行動作捕捉偵測。

安裝Kinect for Windows V_2裝置驅動程式之後，您會看到Microsoft Kinect for Studio及Microsoft Visual Gesture Builder這兩個控制設定器。首先介紹，Kinect for Studio到底要如何進行設定？Kinect for Studio是Kinect for Windows V_2所搭載的主要控制元件開發，與Kinect for Windows V_2進行連接之後，會在Kinect Studio看到您的偵測影像。（圖173）

圖173　Kinect Studio影像偵測

要如何進行使用Kinect for Studio？Kinect for Studio分為兩個-Monitor 2D View及Monitor 3D View，也就是可顯現2D及3D的Monitor效果。此外，在Kinect for Studio可多達2-5人同時進入動作擷取哦！（圖174）

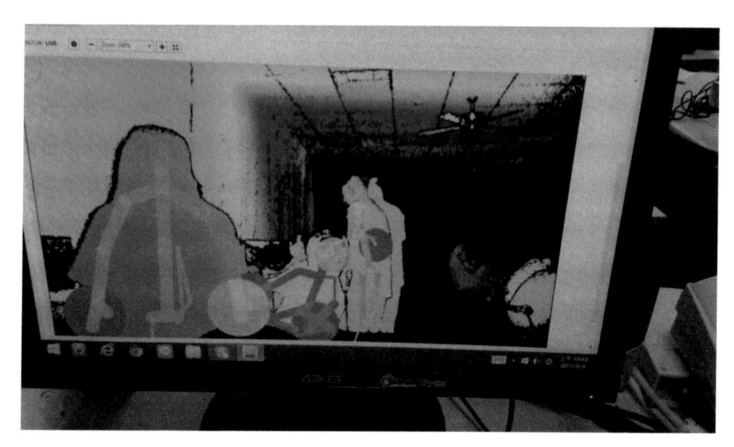

圖174　Kinet Studio for Kinet Windows V_2教學實體照

此外，Kinect Studio提供了Record（錄製）現場所有聲音及影像且錄製完之後，可直接播放。（圖175及圖176）

圖175　Kinet Studio for Monitor 2D（Record）

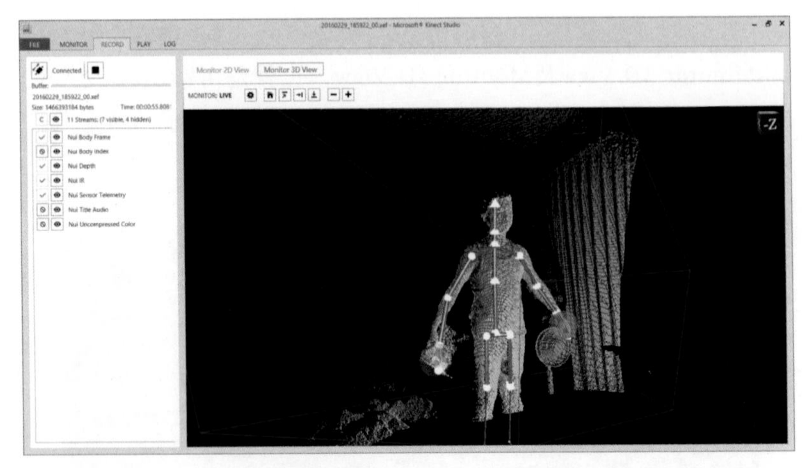

圖176　Kinet Studio for Monitor 3D（Record）

在Kinect Stuido進行現場錄製的時候，可以切換2D（3D）Monitor的視覺色彩即時畫面。例如：Monitor 2D可呈現Color ramp 及Grep ramp之即時錄製風格；Monitor 3D可呈現Surface with Normal、Grep Point Cloud及Color Point Cloud之即時錄製風格哦～下列是Monitor 2D 及Monitor 3D現場Live 風格。（圖177至圖183）

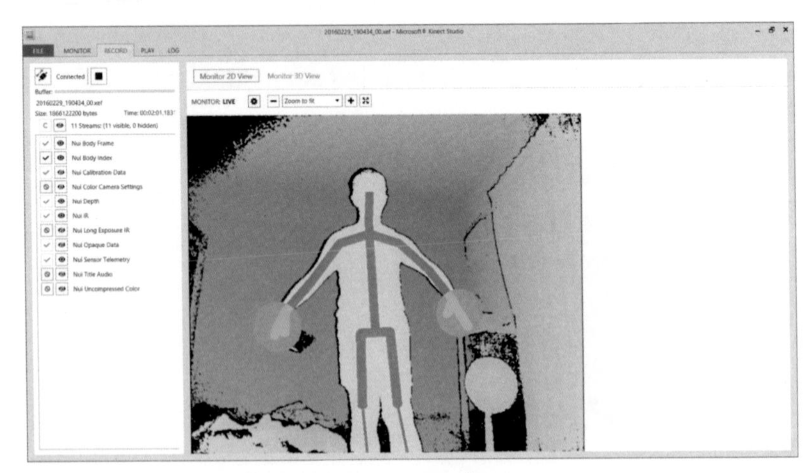

圖177　Motion 2D View之Grep ramp

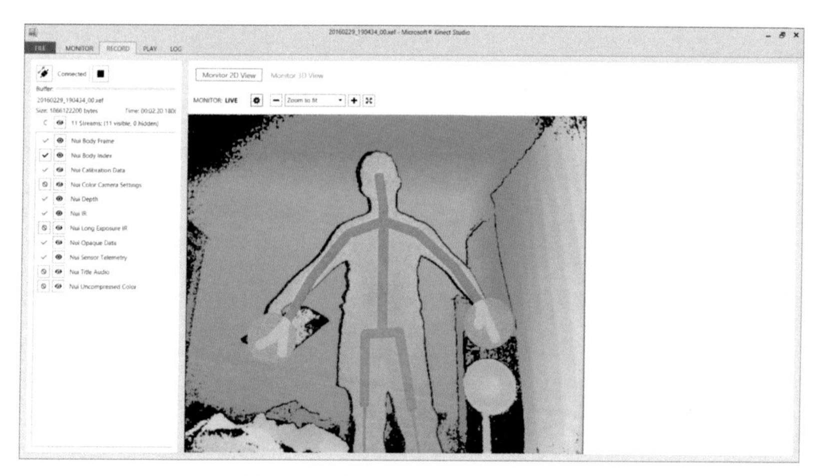

圖178　Motion 2D View之Color ramp

圖179　Motion 3D View之Surface with Normal

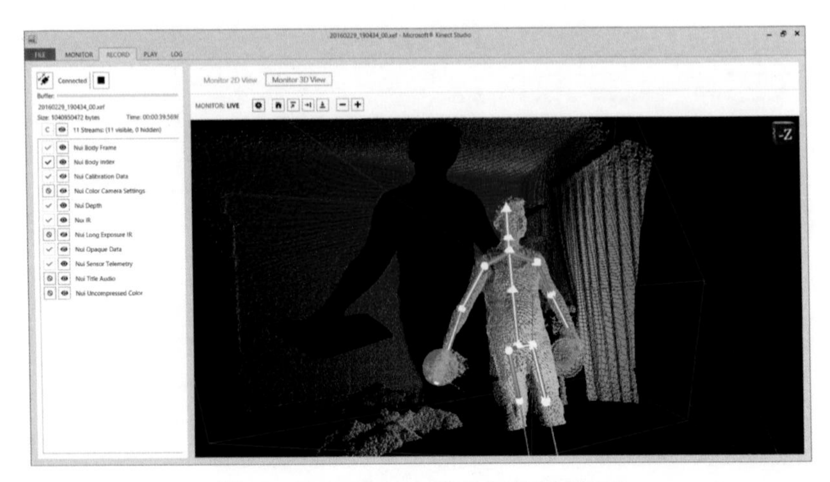

圖180　Motion 3D View之Color Point Cloud

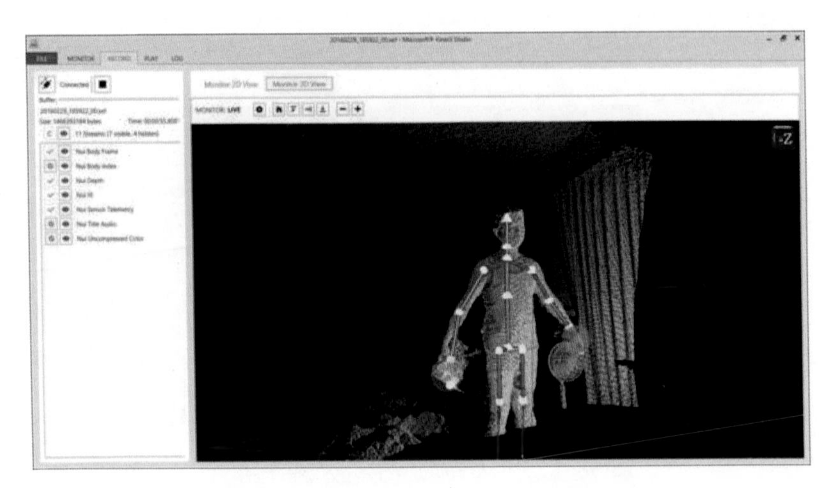

圖181　Motion 3D View之Grep Point Cloud

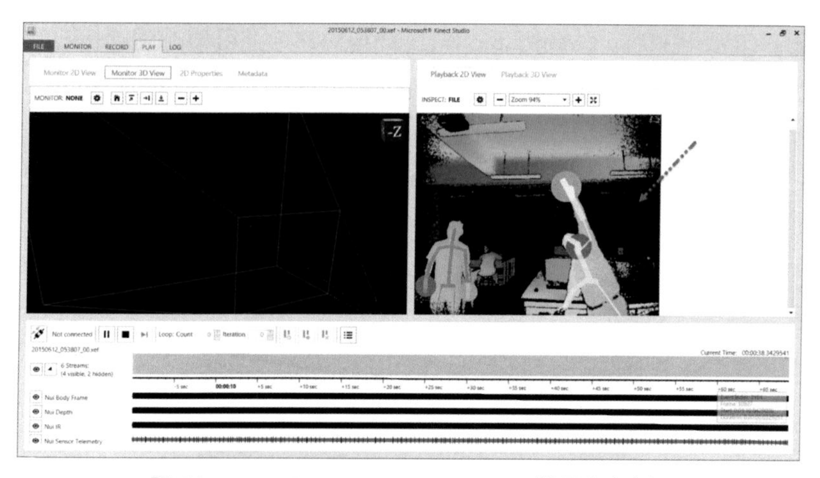

圖182　Kinect Studio–Playback 2D View（箭頭指向處）

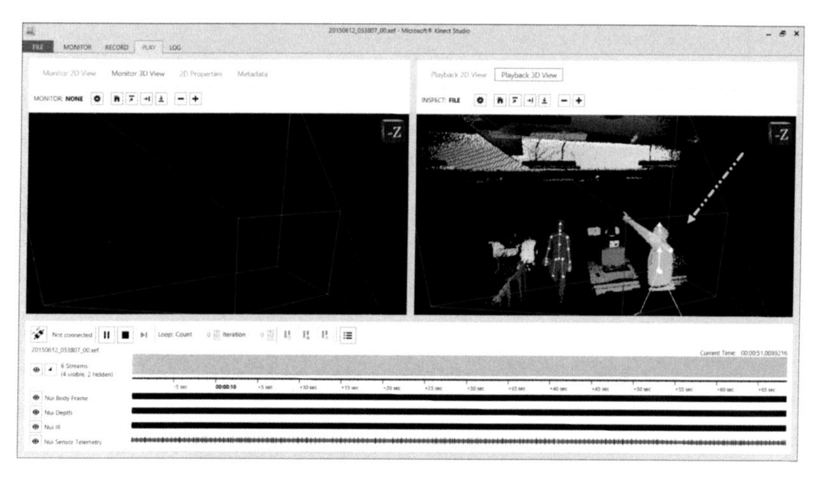

圖183　Kinect Studio–Playback 3D View（箭頭指指向處）

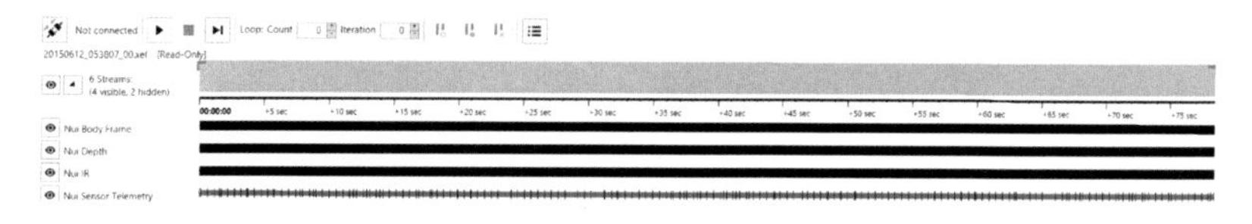

若要將Visual Gesture Builder（簡稱VGB）進行偵測體感相關的應用，需要建立資料庫系統。該如何在VGB建立資料庫呢？此外，VGB到底還有什麼玩法的應用呢？就來帶各位進行教學介紹吧～

首先，下圖是Visual Gesture Builder（以下簡稱：VGB）的開啟畫面。（圖184）

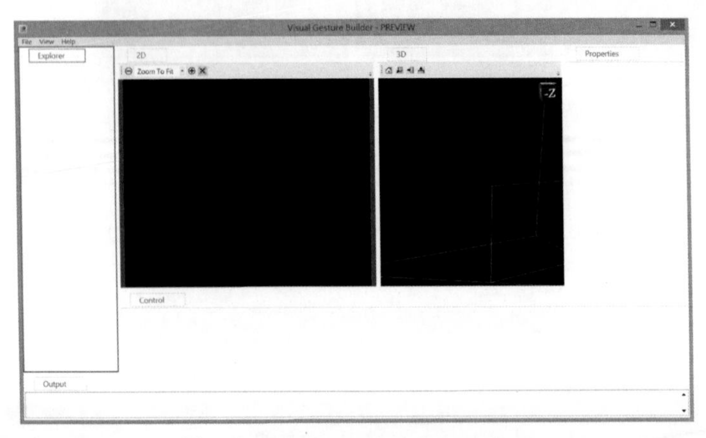

圖184　Visual Gesture Builder-Preview

建立資料庫的步驟，從檔案File→New Solution→輸入檔名→儲存；這樣資料庫就會出現喔。（圖185）

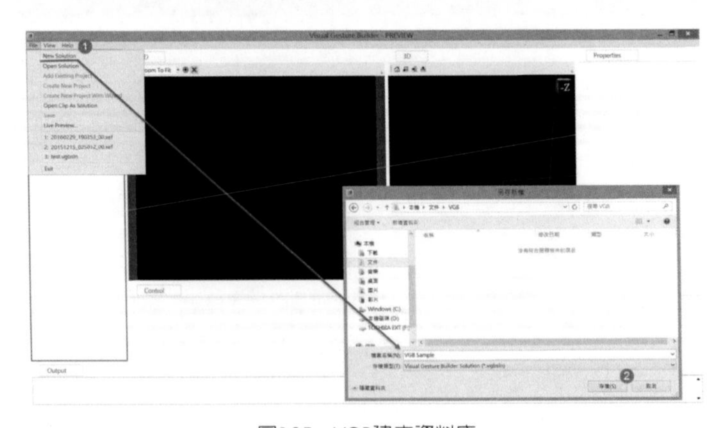

圖185　VGB建立資料庫

點選VGBSample.vgbsln資料庫滑鼠右鍵，選擇Create New Project With Wizard。（圖186）

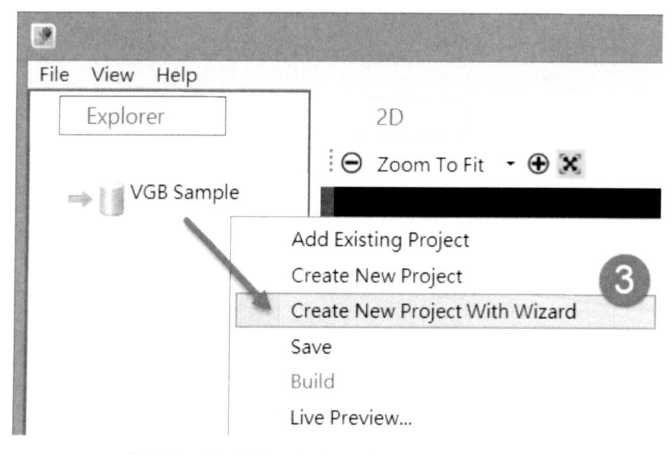

圖186　VGB-Create New Project With Wizerd

VGB Gesture Wizard精靈設定。（圖187）

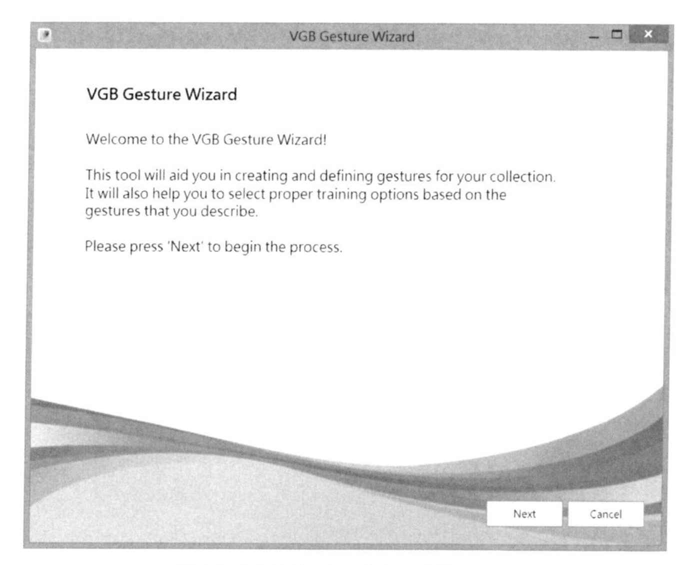

圖187　VGB Gesture Wizard Welcome

Gesture Name輸入姿勢：若有左右姿勢，請勿輸入，避免偵測上有問題，您可以利用Gesture Name提供的範例姿勢名稱，例如：Kick、Punch、Push、Walk、Run、Jump、Flap、Glide、Block、Squlat等等姿勢名稱作為預覽姿勢偵測。（圖188）

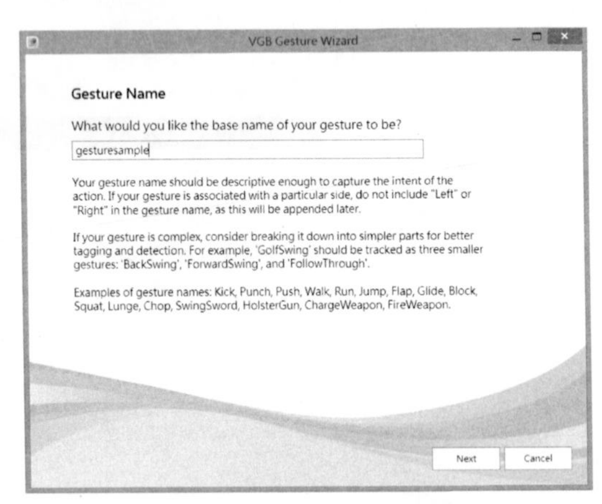

圖188　Gesture Name輸入姿勢

Boday Region：身體偵測範圍，若全部偵測請選擇Yes，若只偵測上半身（下半身）選擇No。（圖189）

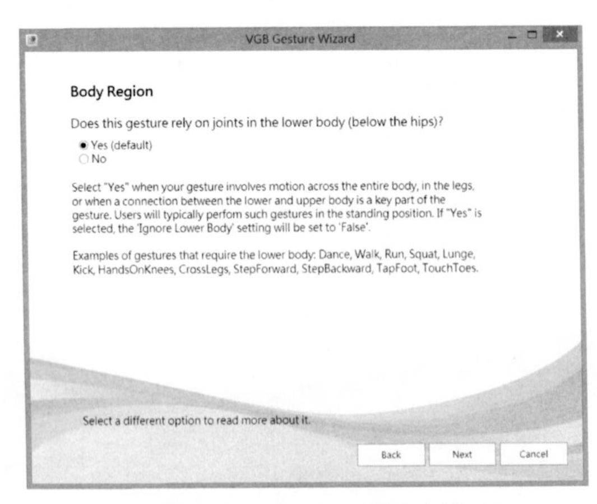

圖189　Body Region輸入姿勢

Hand States：手勢偵測狀態，若有需考量到手勢偵測狀態（例如：手勢握拳或手掌打開）選擇Yes，若無需要選擇No。（圖190）

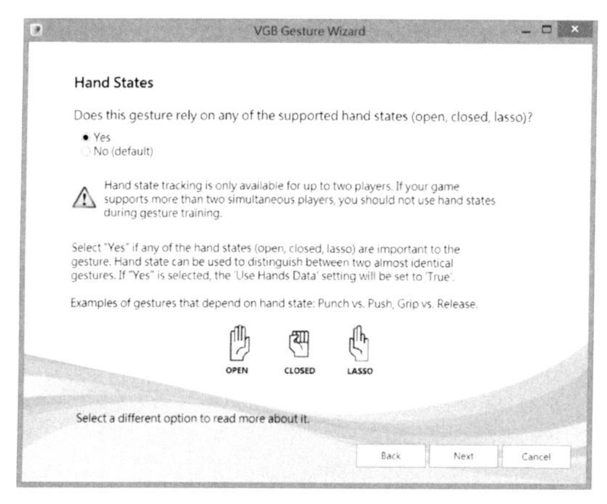

圖190 Hand States手勢偵測狀態

Training Mask：手部偵測動作，此設定是手部偵測，若需利用雙手，請選擇雙手及全身動作偵測；若需要利用單手（左手或右手）動作，請選擇。（圖191）

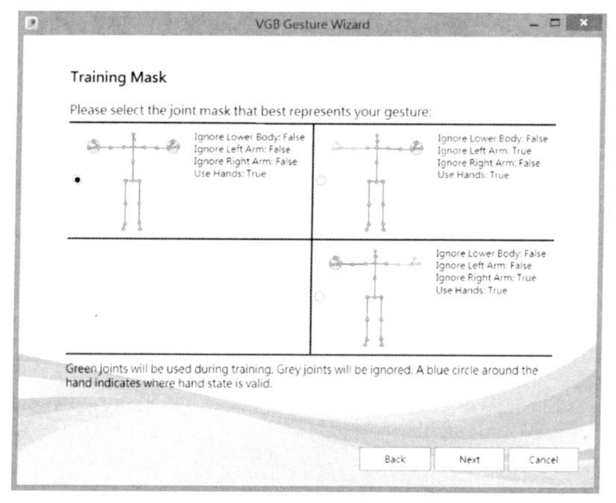

圖191 Training Mask手部偵測動作

Body Side：若需要建立身體偵測左半邊或右半邊，可點選Yes，自動建立資料庫。（圖192）

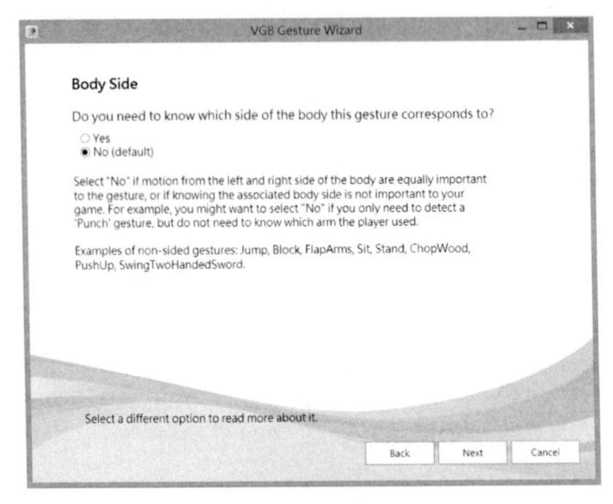

圖192　Body Side身體偵測左或右

Progress：偵測姿勢速度，若靜態且單一姿勢情況選擇No且會產生Discrete（離散）姿勢。若姿勢是動態進度需選擇Yes；最後，除Discrete專案，還額外產生Continuous（連續）姿勢專案。（圖193）

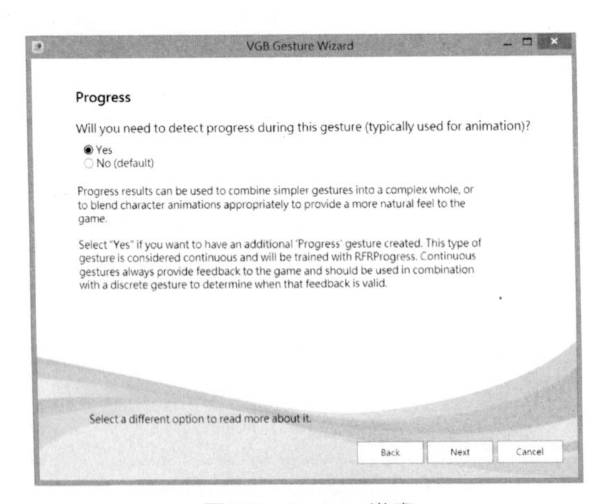

圖193　Progress進度

Confirm Gestures：確認姿勢動作，下圖就是一開始建立動作身體偵測左右兩側結果。若沒有問題，就按下Confirm確認，進行儲存。（圖194）

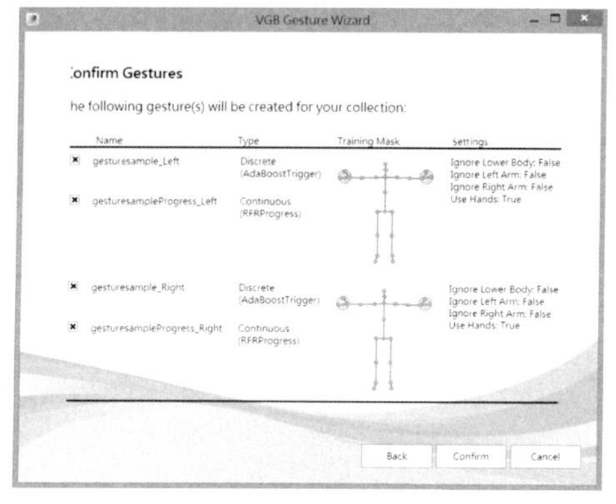

圖194　Confirm Gestures

進行儲存時，需要儲存建立資料庫L及R的偵測資料專案庫，分別如下，總共8個資料庫：

1. gesturesample_Left.vgbproj及gesturesample_Left.a.vgbproj；
2. gesturesample_Right.vgbproj及gesturesample_Right.a.vgbproj；
3. gesturesampleProgress_Left.vgbproj及gesturesampleProgress_Left.a.vgbproj；
4. gesturesampleProgress_Right.vgbproj及gesturesampleProgress_Right.a.vgbproj；及外加一個VGBSample.vgbsln資料庫。（圖195暨圖196）

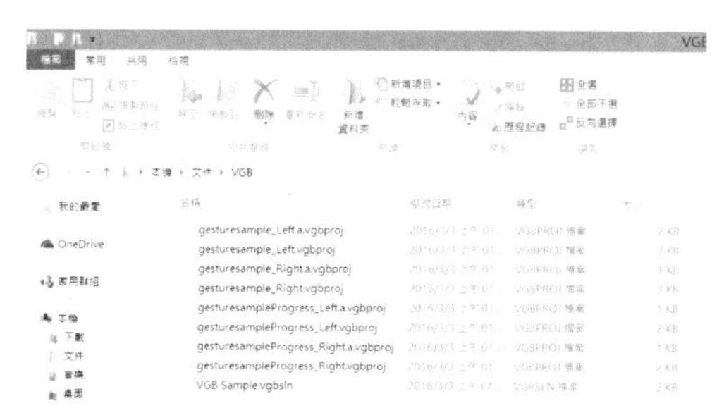

圖195　資料庫各類專案名稱

圖196　建立資料庫結果

圖197是Visual Gesture Builder，當在Kinect Studio錄製完之後，儲存成.xef。再將Visual Gesture Builder開啟並匯入.xef檔案，可即時預覽2D及3D的錄製偵測視覺效果之詳細資料。

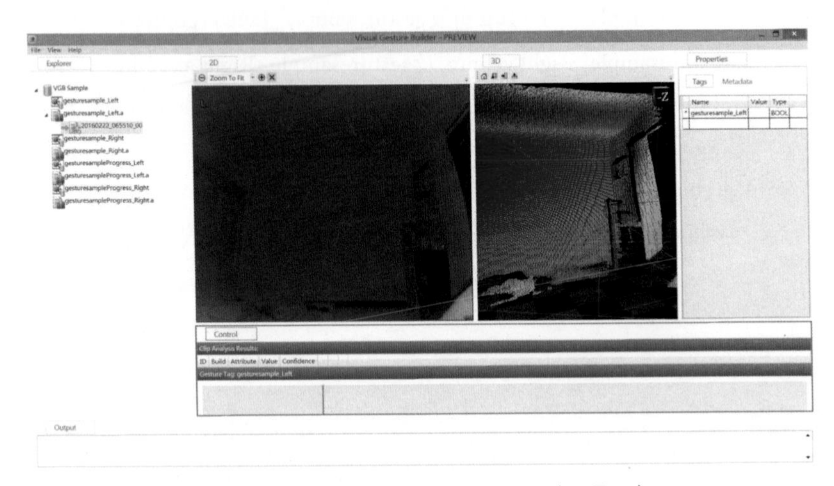

圖197　Visual Gesture Builder–Preview（2D及3D）

Live Preview：現場預覽，利用Kinect Windows V_2進行現場偵測的時候，會出現四種模式的狀態，包含Steet_Lift、Steet_Right、SteerProgress及SteerStraight之四種動態模式。另外，進行中的時候，會自動儲存gbd格式，路徑為：C:\ProgramFiles\MicrosoftSDKs\Kinect\v2.0_1409\Tools\KinectStudio\databases\SampleDatabase.gbd，若需要找gbd或gba檔案，請依照此路徑找到此檔案。（圖198）

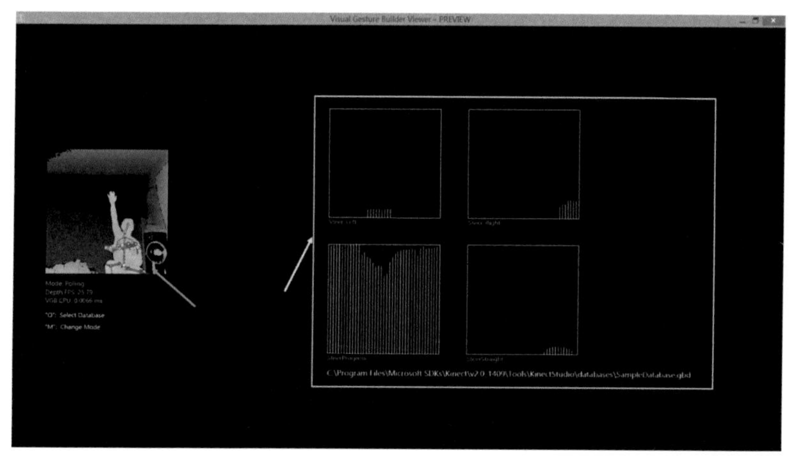

圖198　Live Preview，綠色箭頭代表：偵測進行中；黃色箭頭代表：四種模式運行中

Mocap Device Plugin-XBOX One for iClone 6

若使用Kinect for Windows V_2要進行iClone動作擷取（圖199），安裝驅動請安裝Mocap Device Plug-in Xbox One主要驅動程式。不再是安裝Mocap Device Plug-in Windows或 Mocap Device Plug in-Xbox 360。因Kinect for Windows V_2是結合Xbox one的偵測體感器。因此，需要安裝Mocap Device Plug-in Xbox one的驅動程式。到底該如何啟動Kinect for Windows V_2偵測iClone 6（圖200）角色人物擷取呢？那麼，就來作示範吧～

圖199　Kinect MOCAP PLUG-IN（for Kinect for Windows V_2 –iClone 6）

圖200　Kinect Mocap Plug-in-Xbox one

圖201是Kinect Mocap Plug-in - Xbox one連接Kinect for Windows V_2動作偵測的示意圖。此Kinect Mocap Plug-in介面減少許多，只有兩個偵測-1.骨架偵測及2.動作擷取（需倒數才可進行動作擷取）。注意：iClone需升級到iClone 6.2版本喔～才能進行動作擷取。（圖202是偵測結果圖）

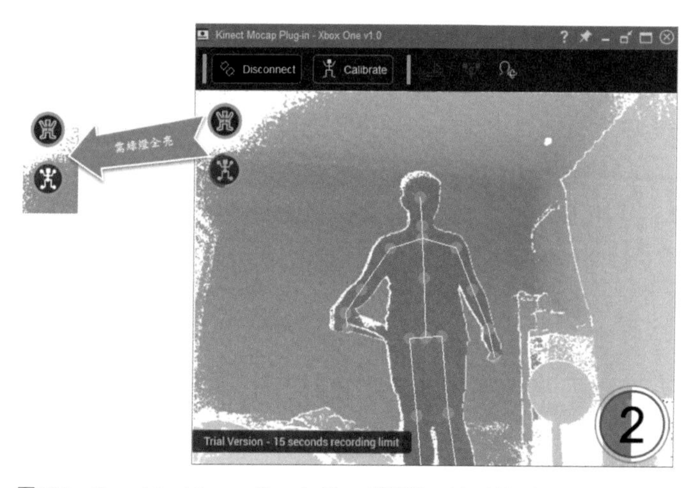

圖201　Kinect for Mocap Plug-in Xbox連接Kiect for Windows V_2

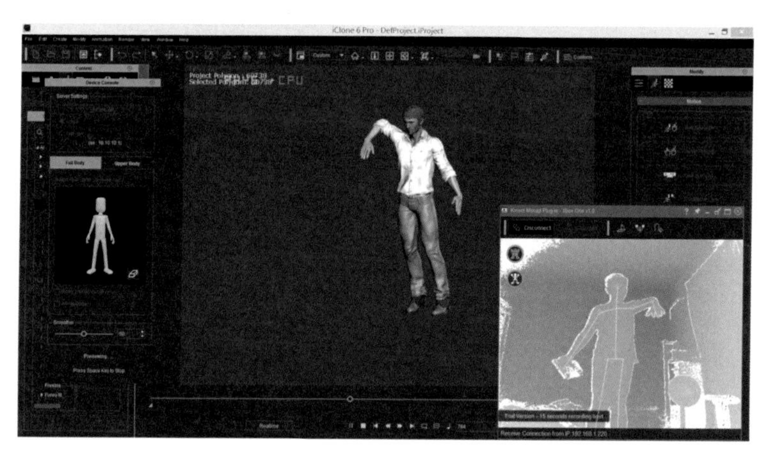

圖202　Kinect Mocap Plug-in-Xbox One for iClone 6動作擷取

10-4、臉部偵測

通常進行臉部偵測分為對嘴（含多國語系（音）對嘴）及臉部動作擷取表情。對嘴又進一步的分為針對多國語系的對嘴模式。例如：Lipsync、FaceFX，這兩個是針對臉部對嘴模式進行動作擷取；Salsa及Tagarela是針對Unity語音分析的語系進行。最後，FacePlus、FaceShift及Dynamixyz是針對臉部動作擷取。那到底要如何去分別哪些臉部動作（含對嘴）偵測的擷取工具呢？這些，擷取工具到底有什麼作用呢？以下是針對臉部（含對嘴）偵測擷取工具進行的介紹：

I. 對嘴模式（含多國語系）

i. Lipsync，是透過匯入音源檔進行聲波分析，驅動特定blend Shape產生動畫，表情動畫可額外透過手動方式設Key，由動畫師進行判斷或輸入腳本（XML）在對應時間點驅動特定的Blend shape製造表情。

ii. FaceFX，是眾多遊戲開發商替換多國語音需求專業軟體，且可使用Python腳本、Bone或Blend Shape兩種模式。

iii. SALSA，是專門支援Unity專案語音分析系統，且支援各種語系。然而，在語音分析系統精準許多。

iv. Tagarela ，僅支援Unity 4，語音對嘴手動Keyframing工具，不備語音分析且僅可使用BlendShape模式。

II. 臉部動作

i. FacePlus，是Mixamo.inc所推出的臉部擷取動作，是透過WebCam抓取臉部表情，對於品質是取決於WebCam解析度哦。

ii. Faceshift，是使用深度攝影機（Primesencse或realsense）進行人物角色臉部變形且符合演員表情，此外，再由人物角色進行表情分析且對應到已綁定的角色模型。

iii. Dynamixyz，是透過高度動作擷取攝影機，Real-Time（即時）運算出3D數位替身進行表情分析，對應其他已綁定角色模型。

以上介紹完，針對臉部擷取（含對嘴模式）所有動作擷取使用功能，接下來要針對臉部偵測之FacePlus進行介紹及如何使用FacePlus來針對臉部擷取功能。

FacePlus是Mixamo推出臉部即時動作系統（Real-Time Facial Animation），是透過Web Cam 進行臉部動作擷取。FacePlus支援Unity 4.2～4.8的版本，Unity Pro 5是完全不支援及支援MotionBuilder 2014等相關臉部偵測。（圖203）

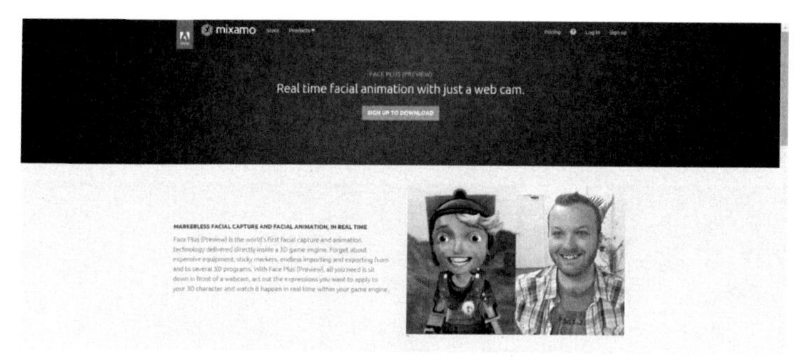

圖203　Face Plus臉部偵測官方網站：www.mixamo.com

若要利用Face Plus 進行相關臉部偵測的動作，需下載FacePlus Plug-in（Unity or MotionBuilder）工具。請先加入Mixamo會員，Mixamo會員是可用Adobe進行登入。（圖204）

Software

Product	Platform	File Size	Download	Info
Face Plus (Preview) for Unity	Plugin (Unity 4.2 - 4.8, Win/Mac)	400MB	Download 1.1.0.4	Product page Documentation
Face Plus (Preview) for MotionBuilder	Plugin (MotionBuilder 2014)	40MB	Download 1.1.0.4	Product page Documentation
Fuse Content Creator Package	Content Package	100MB	Download 2015.1	Product page Documentation
3ds Max Auto-Biped Script	Script (3ds Max)	21KB	Download 2.3.1	Product page Documentation
3ds Max Auto-CAT Script	Script (3ds Max)	24KB	Download 2.5.2	Product page Documentation
Maya Control Rig Script	Script (Maya)	1.2MB	Download 1.6.0	Product page Documentation

圖204　Face Plus（Preview）for Unity or Motion Builder Plug-in進行下載

圖205　Face Plus Demo

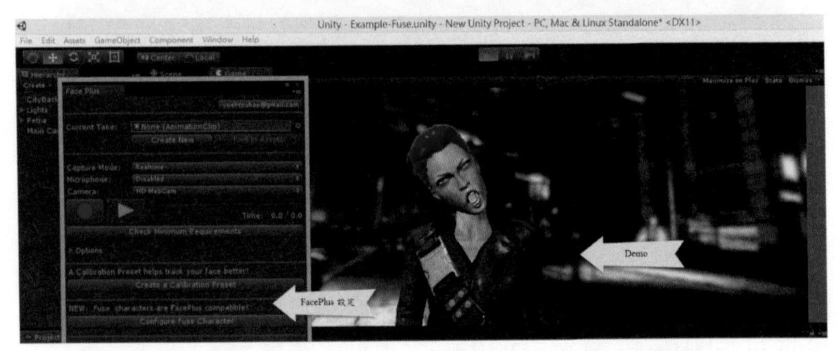

圖206　Face Plus Demo說明圖（使用FacePlus for Unity內建範本）

圖205及圖206是利用Face Plus for Unity內建範例進行Face Plus臉部偵測擷取示範Face Plus表情動作擷取。

如何使用Face Plus進行動作擷取教學

已下載好的Face Plus for Unity Plug-in匯入到Unity for 4.2以上環境（圖207至圖209），再啟動Face Plus（Assest→Mixamo FacePlus→Examples→Character：選擇BatteyBoy-Blend Shape）進行設定。

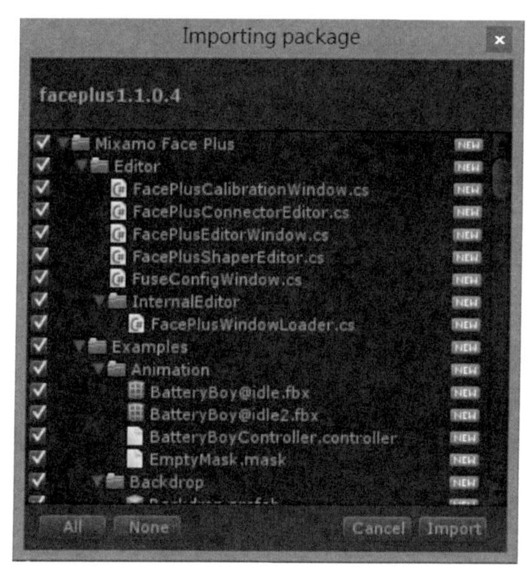

圖207 FacePlus Plug-in

圖208 FacePlus設定（請先登入Mixamo帳號）

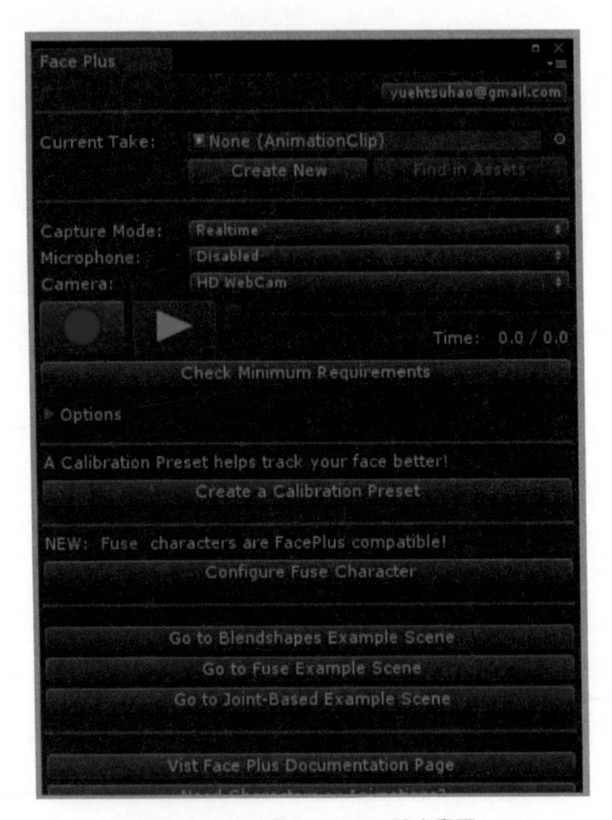

圖209　成功登入FacePlus設定畫面

（註：**Capture Mode**：可設定RealTime及Video File擷取模式。**Microphone**：在Real Time設定之下可啟動內建Microphone。**Camera**：可使用內建Camera或WebCam相關Camera設備。若遇到Error : Camera not Found 代表Webcam 沒有開啟哦～請將執行Web Cam。）

再來介紹，另外一套也是屬於臉部表情偵測軟件，本人認為它的偵測精細度，雖有點複雜，但偵測表情精準度非常好，並且支援Unity及MotionBuilder，甚至可進行現場的即時偵測表情（含五官），它叫做「Faceware」。

Faceware是一套Real-Time表情動作的偵測軟件，可結合GoPro、Web Cam等相關攝影進行臉部表情擷取工具。此外，Faceware可進行Analyzer追蹤分析，例如：可從一名演員臉部擷取表情動作並轉換成Retargeter相關任何視頻文件。（圖210至圖212）

圖210　Faceware官方網站，截圖自Faceware官方網站（www.faceware.com）

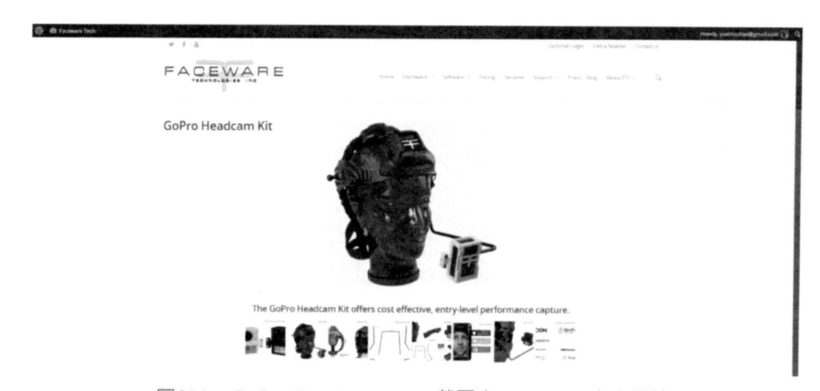

圖211　GoPro Headcam Kit，截圖自Faceware官方網站

圖212　Pro HD Headcam system，截圖自Faceware官方網站

接下來介紹如何使用Faceware進行動作表情偵測的教學操作介紹，我們先下載Faceware所提供的Faceware Live臉部表情偵測相關軟件。（圖213）

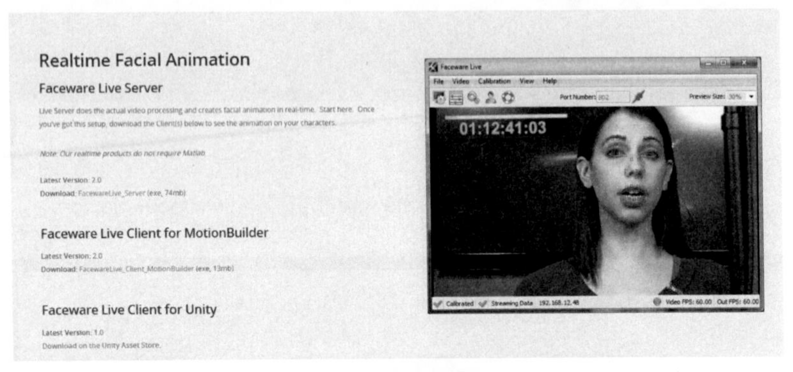

圖213　Realtime Facial Animation，截圖自Faceware官方網站

Realtime Facial Animation分別提供Server端及Clinet端，Server端是Faceware Live主要伺服端，Clinet端就是分別所支援Unity及Motion Builder之相關的Plug-in。

此外，Non-Realtime Facial Animation，可進行分析即時影像有三方法，第一、下載Matlab Compiler Rutime元件，Matlab Compiler Rutime需使用Faceware及安裝此元件（MCR），建議下載64bit。（圖214）

圖214　Matlab Compiler Runtime，截圖自Faceware官方網站

第二、下載Faceware Analyzer，Faceware Analyzer是少許部分追蹤表情動作軟件，可針對演員臉部表情轉換成Retargeter進行使用。因利用強大的偵測技術且可得知追蹤臉部表情數據，進行分析喔！（圖215）

圖215　Faceware Analyzer，截圖自Faceware官方網站

第三、下載Faceware Retargeter，Faceware Retargeter是偵測臉部分析動作表情數據，可下載Maya（Retargeter for Maya Plug-in）、3Ds Max（Retargeter for 3Ds Max Plug-in）、Motion Builder（Retargeter for Motion Builder Plug-in）及Softimage（Retargeter for Softimage Plug-in）所支援的Plug-in。（圖216）

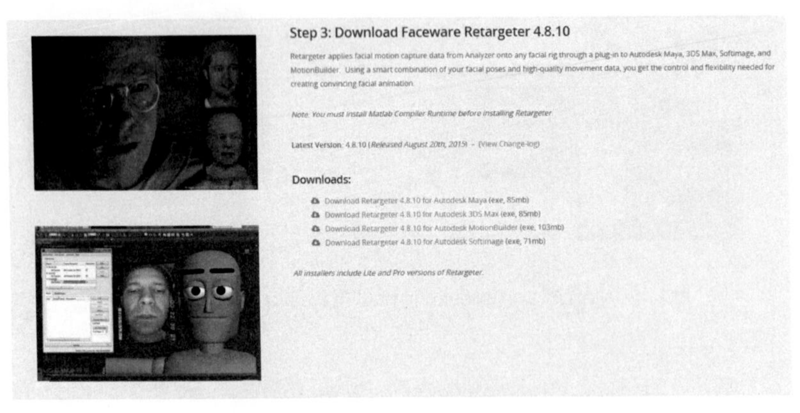

圖216　Faceware Retargeter，截圖自Faceware官網

要如何使用，Faceware Live呢？進行教學示範吧！

開啟Faceware Live License（因主程式是試用版，30天試用）。（圖217）

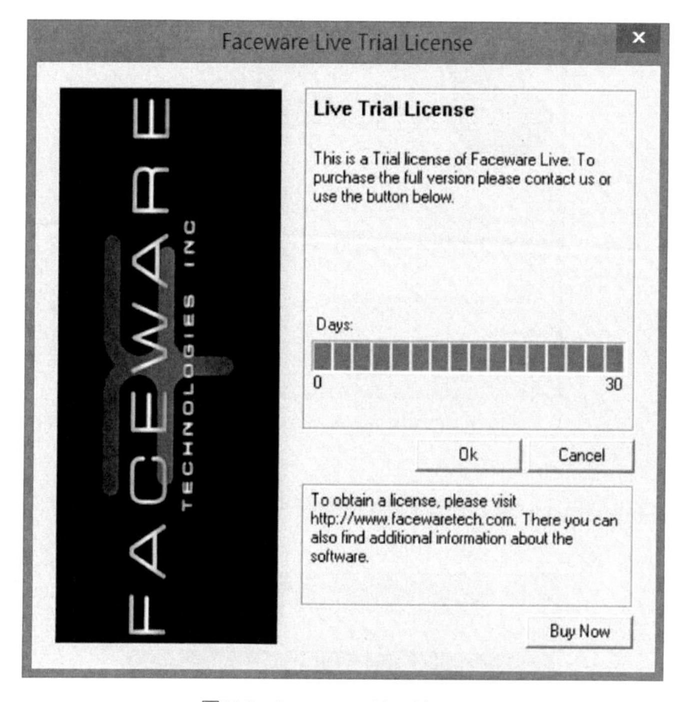

圖217　Faceware Live License

圖218是OGRE Engine Rendering是偵測到電腦系統的相關資訊，例如：Vsync、Rendering Device、FSSA、Resource Creation Policy等相關電腦系統資訊，直接按確認即可。

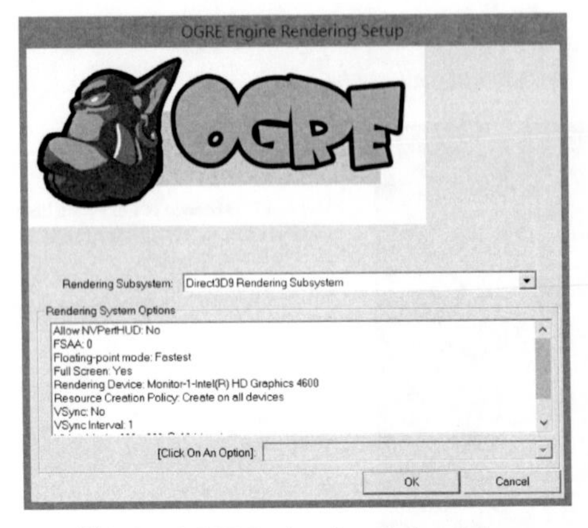

圖218　OGRE Engine Rendering Setup

圖219是Faceware Live進行偵測即時主要畫面程式。

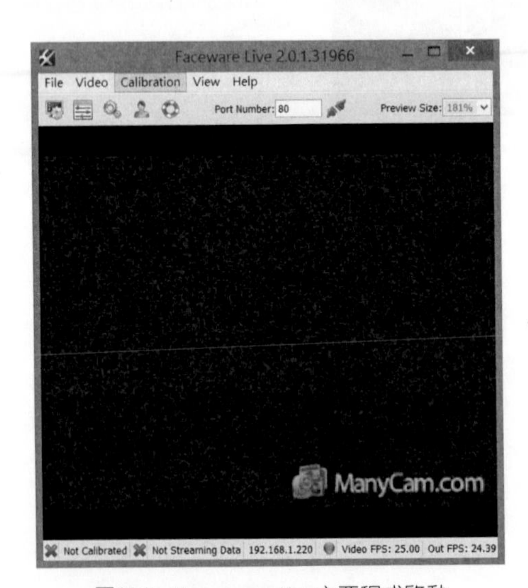

圖219　Faceware Live主要程式啓動

開啟Faceware Live之後，請先進入Calibration 進入相關偵測擷取即時設定，畫面如下：這是Faceware Live Server相關設定，主要設定為1.Video Setup、2.Calibration及3..Preferencesr之三個設定細節內容。（圖220）

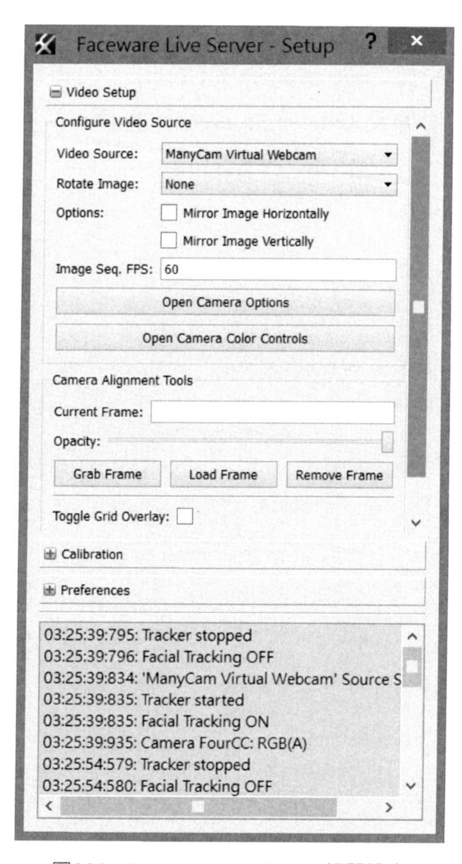

圖220　Faceware Live Server相關設定

1. Faceware Live Server-Video Setup

Video Setup主要設定項目：Video Source 視訊來源，Video Source請設定您的WebCam（建議下載Web Cam軟體開啟例如：ManyCam Virtual Webcam）作為視訊來源；Rotate Image翻轉影像（90/180/270）；Image Seq.FPS每秒影像（預設30）；Open Camera Options（視訊格式）；Open Camera Color Controls（視訊色調設定）。除此之外，您也可以進行擷取影像Camera Alignment Tools （Grab Frame擷取影像、Load Famer讀取影像及Remove Frame移除影像）等相關設定。（圖221）

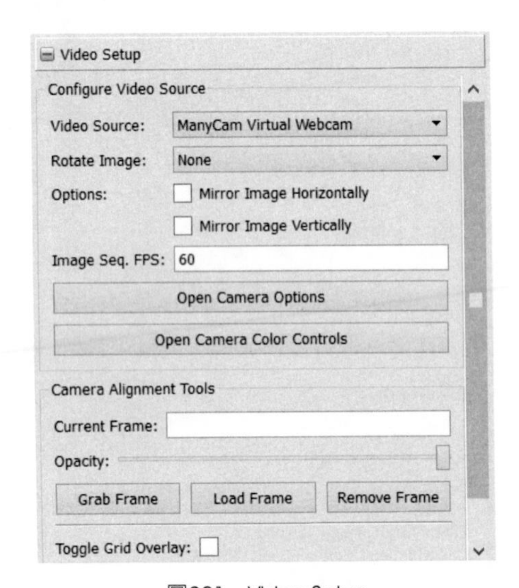

圖221　Video Setup

表51 Rotate Image影像翻轉

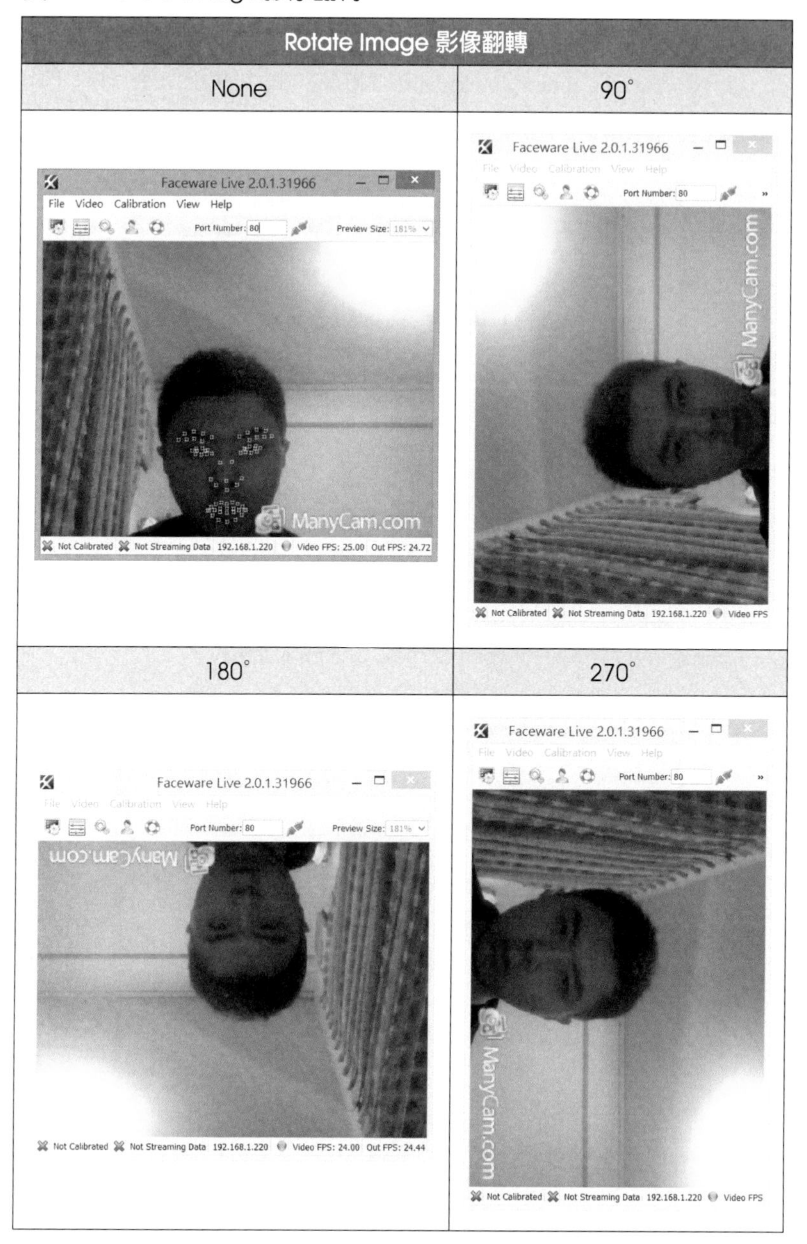

Open Camera Options視訊格式（圖222）：可設定播放速率、色彩空間及輸出大小（最大1920×1440，最小320×180）及視訊壓縮品質。此外，Open Camera Color Controls視訊色調（圖223）：可設定視訊的亮度、飽和度、色差補正及視訊解碼（視訊標準）相關設定。

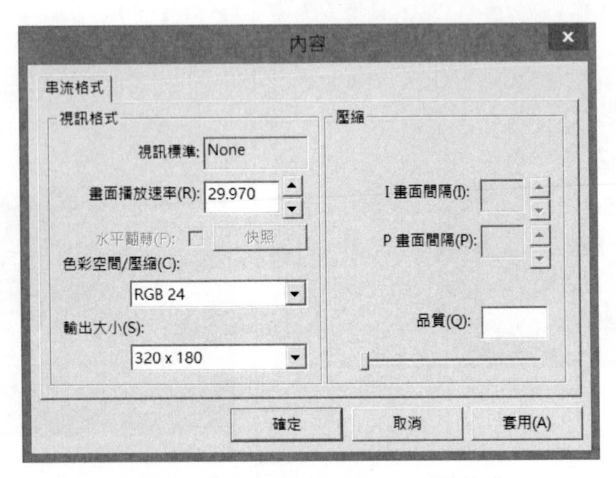

圖222　Open Camera Options 視訊格式

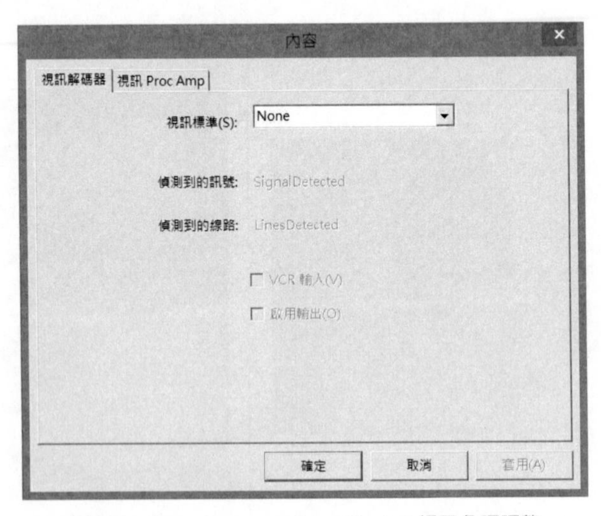

圖223　Open Camera Color Controls視訊色調調整

2. Calibration：臉部偵測的截取偵測點，此設定內容主要是Tracking Model追蹤模型，通常請設定StaticCam（R23779），另外一個Pro HD HeadCam（R22728）是針對頭部追蹤攝影機（HD畫質）進行追蹤使用。若按下Calibartation Face，視訊影像臉部會出現許多偵測點。此外，Calbration Sync（通常選擇Local，若有其他安裝可下Port指令）相關設定喔。（圖224至圖225）

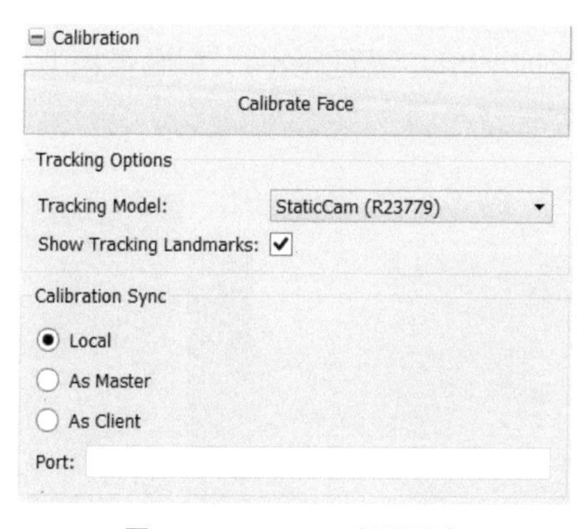

圖224　Calibration相關設定

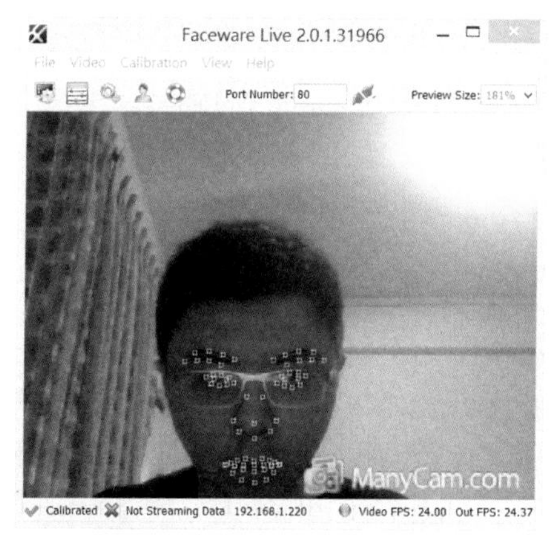

圖225　Calibration Face（臉部偵測點）

3. Preferences是Animation Preview是臉部表情預覽之背景設定（Background Color）、Landmark Color標誌顏色（Points：偵測點；Lines：偵測線）。（圖226）

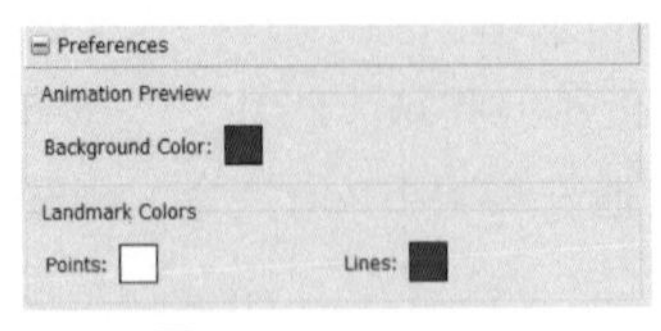

圖226　Preferences

圖227是必須按下Prot（預設8080）與動畫模型進行偵測臉部表情同時擺動喔！

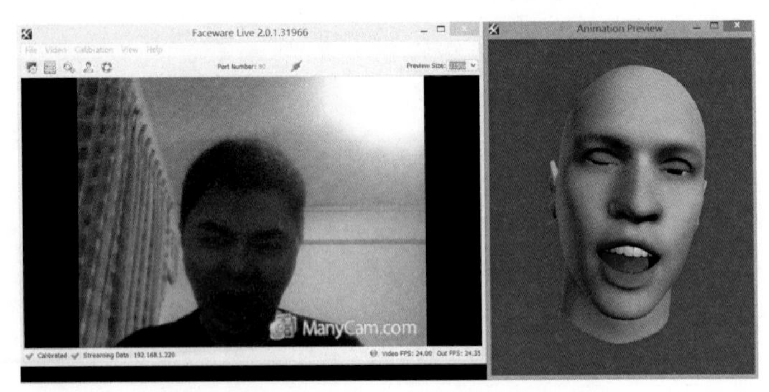

圖227　Faceware Live之Animation Preview

請注意：Calibrated及Streaming Data是必須開啟，代表可以偵測到人物角色模型喔。

圖228　正常偵測已開啓

另外，Faceware若要連接Unity、Unreal Engine 4及3d max等相關第三方軟件平台進行動作偵測表情即時同步捕捉，請使用中規格相符合的Web cam頭戴式裝置的相關設備，例如：GoPro，且才可以啟動Analyzer進行相關視訊分析喔。

單元11

魔幻iClone線上購買素材

要如何購買iClone相關素材、道具及外掛插件（Plug-In）呢？購買之後，該如何付費呢？一直以來，很多人不了解該如何付費及該如何進行購買？那麼，就來告訴大家該如何購買iClone相關素材、道具及外掛插件（Plug-In）等等。購買iClone相關素材、道具及外掛插件（Plug-In）等，其實很簡單（Easy），只要跟著步驟流程走就可以了。（圖229）

購買iClone相關素材流程

（1）請先到Reallusion官方網站 http://www.reallsuion.com

（2）點選網站選單-「Purchase」；

（3）您可以點選1.Software Store、2.Content Store及3.Content Marketplace直接進入您所需要的相關素材購買網站。

圖229　Reallusion購買流程圖

有關於1.Software Store、2.Content Store及3.Content Marketplace各網站介紹如下。

11-1、Software Store

Software Store是購買產品的購買網站，包含iClone（動畫遊戲平台）、CrazyTalk Animator（動畫）、Crazy Talk（角色動畫）、Face Filter（照片修飾）及Solutions（其他工具或套裝組合相關產品）。（圖230）

圖230　Software Store

11-2、Content Store

Content Store 是素材及相關工具的商城，付費方式使用線上刷卡付費。Content Store是依據您的購買主要產品- iClone、Crazy Talk Animator及Crazy Talk。透過主要購買的產品，在細分各項工具或素材選單。

舉例來說，iClone內有Plug-in外掛插件、Theme主題、Avatar角色（含眼睛、頭髮物件）、Head 頭部（含臉）、Motion動作（手勢及動作）、Scene 場景（2D背景、3D背景及物件）、Texture圖層、Audio聲音等等素材相關工具，供購買選擇。（圖231）

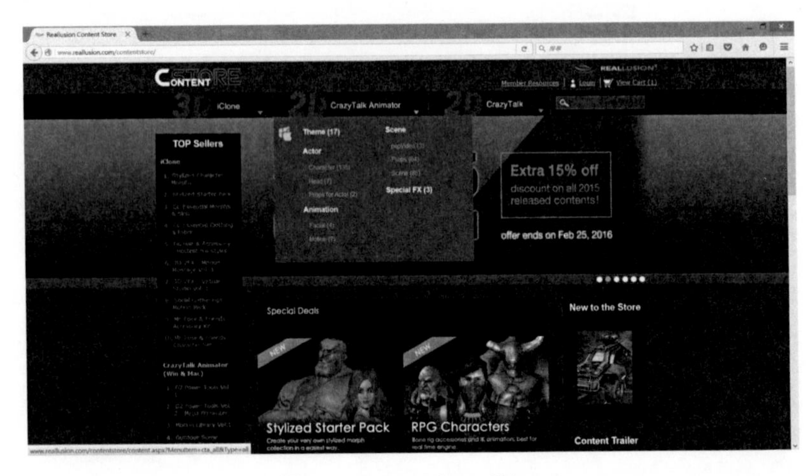

圖231　Content Store–iClone

Crazy Talk Animator內有Theme主題、Actor演員（含角色、頭髮及演員動作）、Animation動作（身體動作及臉部表情）、Scene場景（含場景、道具及PopVideo）、Special FX 特效等相關工具，供進行購買。（圖232）

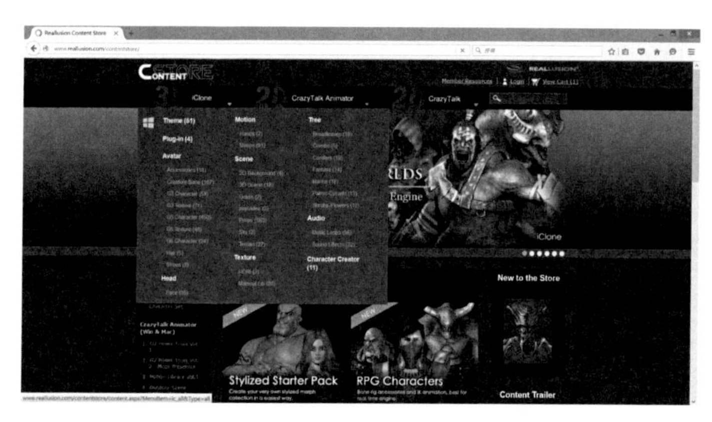

圖232 Content Store–Crazy Talk Animator

Crazy Talk內含有Theme主題、2D Actor 2D演員、Animation動作（包含Auto Motion、Motion Clip、Voice Script）及3D Actor 3D演員（含配件服裝）等相關工具，供進行購買。（圖233）

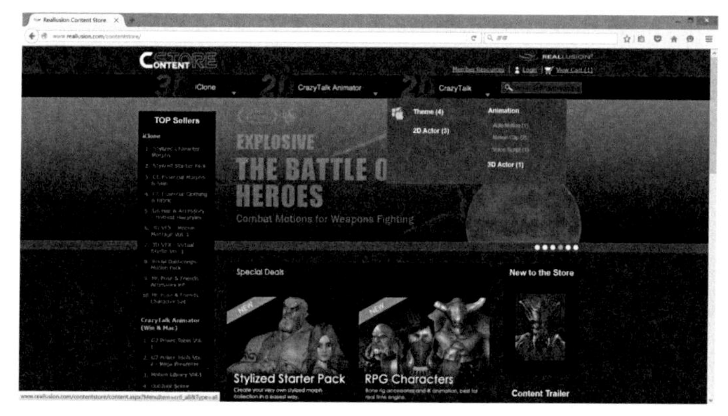

圖233　Content Store–Crazy Talk

11-3、Content Marketplace

Marketplace是素材道具商城，但它的消費購買模式，與Content Store完全不同。Marketplace是用DA Points進行消費，Content Store是用線上現金刷卡交易。（圖234）

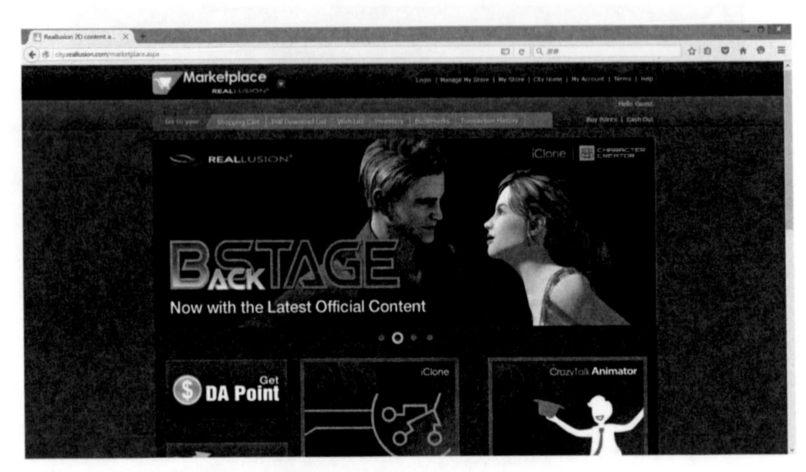

圖234　Content Marketplace

什麼是DA Point？

DA Point是點數消費購買iClone相關素材，DA Point點數分為三種

- 1,000 DA Points
- 5,000 DA Points
- 10,000 DA Points

在購買DA Points之前，您必須是成為Reallusion.inc會員，因DA Points會直接在您的會員系統上顯示多少DA Points。請用線上刷卡（VSIA、MasterCard、PayPal）進行付款，付款後，可透過DA Points進行購買素材喔！但唯一只能在本站Marketplace Store進行購買哦。（圖235）

圖235　DA Points（含付費方式）

11-4、加入會員

加入Reallusion.inc會員是免費的加入會員，可以得到以下幾點：（圖236）

1. 產品相關註冊及更新資訊。
2. 不斷地收到任何有關於線上研討會相關活動資訊。
3. 個人帳戶自主管理及線上Q&A客服聯絡。

申請加入會員：1.點選登入→2..Member Login（已是會員）或3.New Member新會員。

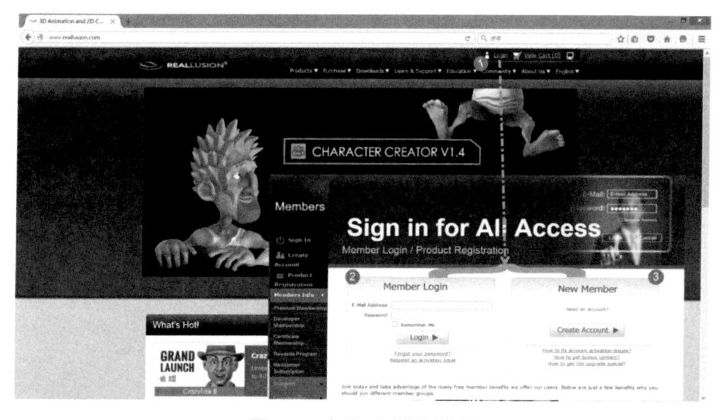

圖236　加入會員流程圖

11-5、線上消費結帳模式

無論在Marketplace進行購買DA Points點數或Content Store購買產品相關的素材或工具等等。很多人會問，該如何進行商品的結帳？為何還是只能在英文頁面進行結帳呢？可以到中文網站進行結帳嗎？

以下是進行購買商品結帳的流程-Content Store進行示範：（圖237至圖238）

線上交易購買商品流程：1.選購商品→2.購物車→3.購買商品→4..結帳

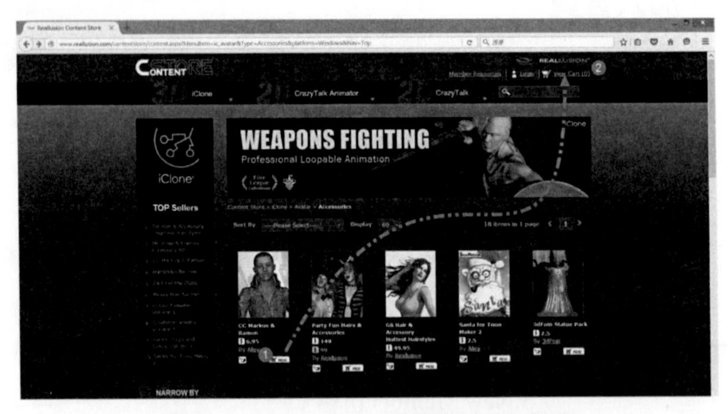

圖237　Content Store選購商品擷取畫面

圖238　線上結帳商品畫面

圖239及圖240是中文購物車網站。

建議您在選定購買商品或素材商品，可先進入會員（中文）系統，進入選購，在回到英文網站去選購您所需要的相關商品，結帳的時候，是可用中文網站進入結帳。

圖239　會員專區之產品升級&產品特價（藍色框框）

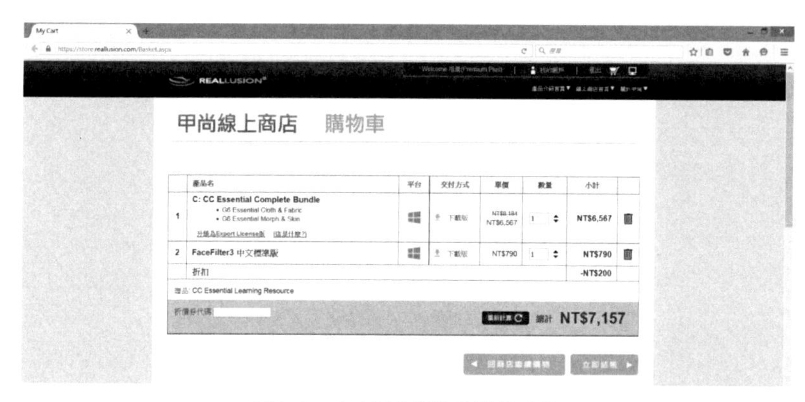

圖240　中文網站購物車結帳系統

單元12

魔幻iClone知識測驗試題

1. （○）iClone是快速動畫暨遊戲角色創作Real-Time開發平台。
2. （×）iClone是Autodesk.inc開發創作平台。
3. （○）iClone包含內容管理員、場景管理員及調整功能。
4. （○）iClone5介面是固定式介面；iClone6介面是浮動式介面。
5. （×）iClone選單功能不包含舞台及佈景。
6. （○）iClone內容管理員提供搜尋功能，方便找素材使用。
7. （○）iClone場景管理員中狀態設定包含啟動光線（粒子）、算圖狀態、即時平滑。
8. （×）iClone場景管理員中過濾器不能篩選演員、配件、約束器、動作路徑等選項。
9. （○）iClone 5燈光是有限制盞數；iClone 6燈光盞數無上限。
10. （○）iClone視覺功能包含卡通著色、陰影、天候等視覺選項。
11. （×）iClone視覺功能中天候選項，不可調整整體環境光源及HDR等。
12. （○）iClone子母視窗是專門方便設計者一邊創作時，可預覽位置。
13. （○）加入Reallusion會員可獲得相關iClone最新資訊。
14. （○）iClone時間軸軌道，擁有物件相關軌道功能。
15. （○）iClone時間軸軌道，擁有開啟相關軌道類型功能。
16. （○）iClone時間軸軌道，擁有剪下、複製及貼上功能。
17. （○）iClone時間軸軌道，可將時間軸進行軌道切割。
18. （○）iClone時間軸軌道，可增加音效音樂功能。
19. （○）iClone時間軸軌道，可使用唇型編輯器。
20. （×）iClone時間軸軌道，不可循環專案物件軌道功能。
21. （○）iClone時間軸軌道，可刪除（增加）影格功能。
22. （○）iClone時間軸軌道，可增加標記（註記位置）功能。
23. （×）iClone時間軸軌道，不可縮放軌道及放大軌道。
24. （○）iClone時間軸軌道，在軌道內按右鍵，可啟動轉變曲線功能。

25. (○) iClone時間軸軌道，攝影機軌道進行調整並按右鍵，可將位置轉換路徑。

26. (○) iClone時間軸軌道，角色中擷取段落按右鍵，可新增動作至素材庫。

27. (○) iClone時間軸軌道，角色中擷取段落按右鍵，可新增Motion Plus至素材庫。

28. (○) iClone時間軸軌道，角色中擷取段落按右鍵，可新增手勢至素材庫。

29. (○) iClone時間軸軌道，角色中動作按右鍵，可修改時間的變化功能。

30. (×) iClone時間軸軌道，角色中動作按右鍵，不可調整反轉功能。

31. (○) iClone延長關鍵影格，可在專案設定內，輸入所需延長時間。

32. (○) iClone6專案設定中，可調整全域聲音設定。

33. (○) iClone6專案設定中，全域物理設定含有PhysX及Bullet引擎進行模擬。

34. (○) iClone6專案設定中，時間模式分為「即時」及「逐格」。

35. (○) iClone專案設定中，表示時間單位可用「時間」及「畫格」。

36. (○) iClone專案設定中，播放模式能選擇循環或一次進行播放。

37. (○) iClone專案設定中，可插入2D背景且啟動影像功能。

38. (○) iClone專案設定中，除可插入2D背景且將整體影像顯示：延展、適中、填滿。

39. (○) iClone專案設定中，可得知此專案詳細資訊相關內容。

40. (○) iClone物理屬性，可設定剛體或軟布功能。

41. (×) iClone視覺功能中，需啟動環境光散射不可調整強度、範圍及距離。

42. (○) iClone視覺功能——煙霧設定，需啟動可修改煙霧顏色及調整煙霧距離。

43. （○）iClone視覺功能——煙霧設定，除開啟煙霧之外，能影響天空調整功能。

44. （○）iClone視覺功能——HDR，若開啟HDR可調整亮度臨界值及光暈大小。

45. （○）iClone視覺功能——HDR，若開啟明暗強化映射可調整曝光值及瞳孔適應速度。

46. （○）iClone視覺功能，可開啟IBL、IBL調整及IBL色彩平衡。

47. （×）如圖，iClone不可調整燈光顏色或天候光源所使用調色盤。

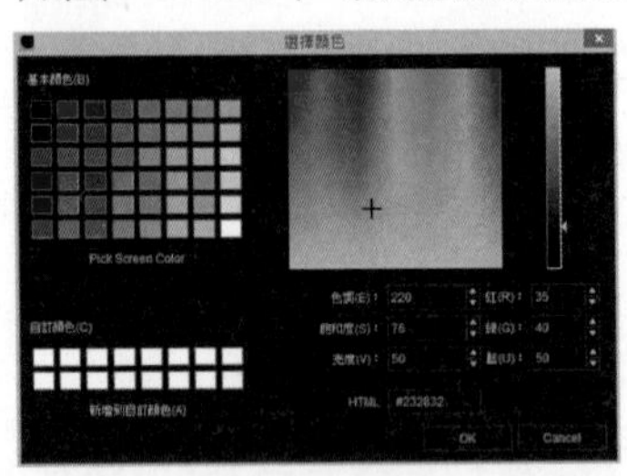

48. （○）如圖，只有人物清晰且背景模糊是景深效果呈現。

49. （○）iClone6新增點光源為視覺新功能。

50. （○）iClone道具分智慧型道具、非智慧型道具兩種。

51. （○）iClone偏好設定——即時算圖進階設定，可調整環境光散射、水反射、柔邊水、三合一平面貼圖地形、柔邊粒子、樹木傲視版、樹木風動效果。

52. （○）iClone 6最大貼圖尺寸是16384×16384。

53. （○）iClone最大預設貼圖尺寸是2048×2048。

54. （○）iClone介面亂，可在偏好設定啟動介面重製。

55. （○）iClone格線大小（預設100）、格線間隔（預設100）。

56. （×）iClone格線顏色不可修改。

57. （○）iClone系統回復預設值：20。

58. （×） 是增加約束器功能中——彈簧Spring。

59. （○） 是增加約束器功能中——彈簧Spring。

60. （○） 是增加約束器功能中——鎖定Lock。

61. （○） 是增加約束器功能中——滑塊。

62. （×） 是增加約束器功能中——滑塊。

63. （○） 是增加約束器功能中——角錐。

64. （○） 是增加約束器功能中——六軸通用。

65. （×） 是增加約束器功能中——六軸通用。

66. （○） 是增加約束器功能中——點對點。

67. （×） 是增加約束器功能中——點對點。

68. （○） 是增加約束器功能中——滑塊。

69. （×） 是增加約束器功能中——新專案。

70. （○）iClone建立新專案快速鍵是Ctrl+N。

71. （×）iClone儲存專案快速鍵是Ctrl+O。

72. （×）iClone開啟專案快速鍵是Ctr+S。

73. （○） 是iClone三軸座標（XYZ）圖示。

74. （○）iClone空白專案時間軸預設關鍵影格1800畫格。

75. （○）iClone即時算圖選項-像素著色法（陰影），包含凹凸貼圖、發光貼圖及HDR。

76. （×）.obj模型不能匯入3DXchange進行角色轉檔格式。

77. （○）3DXchange Pipeline 6同時將模型輸出及輸入轉換平台。

78. （○）Unity、DAZ3D Studio等角色模型，可透過3DXchange轉檔並匯入到iClone。

79. （○）3DXchange Pipeline 6檔案控制功能，包含匯出.FBX及.OBJ格式。

80.（○）3DXchange Pipeline 6指示器包含：模型座標、人物基準等功能。

81.（×）3DXchange Pipeline 6沒有燈光控制器。

82.（○）IBL大廳模式、IBL日光模式等燈光模式，皆屬於3DXchange燈光控制器。

83.（×）下圖是3DXchange燈光控制器——日光模式。

84.（×）下圖是3DXchange Pipeline6燈光控制器——大廳模式。

85.（○）3DXchange Pipeline 6場景樹是可顯示及隱藏。

86.（○）3DXchange Pipeline 6節點（Node）將模型不該有的節點移除。

87.（×）若要在3DXchange Pipeline 6將模型減少面數是Edit→Make Sub-Prop操作。

88.（○）若要在3DXchange Pipeline 6將模型減少面數是Edit→Exclude SKP Back Faces操作。

89.（×）當模型匯入到3DXchange Pipeline 6Pipeline行調整，不可利用對齊地板（Allgn to Ground）及對齊中心（Allgn to Center）將模型進行座標調整。

90.（×）3DXchange Pipeline 6調整功能——Normal（法線）不包含Filp Face Mode表面翻轉模式。

91.（○）3DXchange Pipeline 6調整功能——動作資料庫（Motion Libray）是將角色動作資料庫設定。

92.（○）3DXchange Pipeline 6調整功能-Normal（法線）有Weld Vertex（焊接頂點）、Auto Smooth自動平滑。

93.（○）3DXchange Pipeline 6調整功能——Face Setup（臉部設定）可啟動Expression Editor（臉部編輯器）變化角色臉部表情。

94.（○）將3D模型角色匯入到3DXchange Pipeline 6進行調整骨架，骨架燈需紅變成綠燈才算骨架調整通過。

95.（×）利用Kinect設備進行Mocap Device動作擷取不需要讓偵測燈變綠燈。

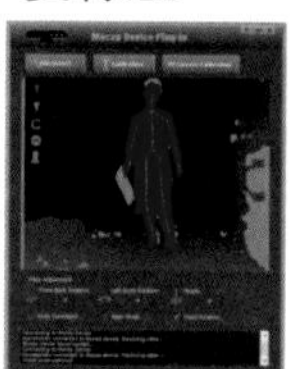

96.（○）Mixmao.inc提供線上3D角色中自動調整骨架（Auto-Rigger）設定功能。

97.（○）將綠幕影片匯入PopVideo Converter 2可使用One-Click Chroma Key快速將影片背景的綠幕去除。

98.（○）iClone 6.5輸出成影片可輸出成VR 360°視覺效果影片。

99.（×）在專案iClone 6製作過程中，所有專案後不能夠輸出成VR 360°視覺效果影片。

100.（○）iClone MixMoves是最快在人物角色動作素材可進行即時編制動作。

101.（E）執行iClone，那些是iClone提供服務資源？

A.產品展示　B.學習資源　C.軟體更新　D.獲得更多內容物件　E.以上皆是

102.（B）iClone是哪家國際原廠開發平台工具？

A.Adobe　B.Reallusion　C.Microsoft　D.Autodesk

103.（D）iClone是哪種類型的創作工具？

A.建模工具　B.平面設計　C.瀏覽器　D.動畫創作平台

104.（D）哪一個是iClone所提供視覺功能？

A.模糊　B.HDR　C.鏡頭模糊濾鏡　D.以上皆是

105.（D）iClone即時算圖選項-像素著色法（陰影）哪一個不是？

A.凹凸貼圖　B.發光貼圖　C.發光貼圖　D.粒子特效

106.（B）iClone物件控制器-物件移動座標快速鍵？

A.Ctrl+ Q　B.Ctrl+G　C.Ctrl+Z　D.Ctrl+V

107.（B）iClone系統回復次數預設值？

A.19　B.20　C.30　D.40

108. 若需要在Mac環境使用iClone需安裝，才可執行？

A.Boot Camp　B.Paint　C.Adobe CC　D.360防毒軟體

109.（B）在Content Marketplace購買素材，下列哪一個消費模式？

A.DA Point　B.Cash　C.商家集點卡　D.線上刷卡

110.（D）在Content Store購買素材，下列哪一個是消費模式？

A.DA Point　B.Cash　C.商家集點卡　D.線上刷卡

111.（B）素材出現Trail字樣，表示素材？

A.尚未購買　B.試用版　C.素材毀損　D.無

112.（B）iClone 5.5新增動作擷取是哪一個？

A.Action　B.Move　C.Motion Plus　D.Run

113.（C）下列哪一個是時間軸快速鍵？

A.F1　B.F2　C.F3　D.F12

114.（C）下列哪一個是子母視窗快速鍵？

A.F6　B.Alt　C.F8　D.NumLock

115.（A）下列哪一個是場景管理員快速鍵？

A.F5　B.F4　C.F8　D.NumLock

116.（D）下列哪一個是調整功能快速鍵？

A.F5　B.Enter　C.Esc　D.F6

117.（A）下列哪一個是視覺功能快速鍵？

A.F7　B.Enter　C.Esc　D.F6

118.（A）在編輯模式，取消格線快速鍵？

A.Ctrl+G　B.Ctrl+Z　C.Ctrl+Y　D.Esc

119.（B）在Content Store，哪一個是外掛插件包可購買？

A.Theme　B.Plug-in　C.Texture　D.Audio

120.（A）在Content Store，哪一個是主題包可購買？

A.Theme　B.Plug-in　C.Texture　D.Audio

121.（C）在Content Store，哪一個是圖層庫可購買？

A.Theme　B.Plug-in　C.Texture　D.Audio

122.（A）iClone專案場景縮放快速鍵是？

A.Z　B.O　C.Y　D.X

123.（A）iClone專案預設位置快速鍵？

A.Home　B.W　C.Y　D.X

124.（D）iClone專案場景平移快速鍵？

A.Z　B.W　C.Y　D.X

125.（D）iClone專案場景旋轉快速鍵？

A.Z　B.W　C.Y　D.X

126.（D）iClone物件選取快速鍵？

A.Z　B.W　C.Y　D.Q127.

127.（B） iClone 專案內物件移動快速鍵？

A.C　B.W　C.Y　D.K

128.（A）iClone專案內物件旋轉快速鍵？

A.E　B.D　C.W　D.Q

129.（A）iClone專案內物件縮放快速鍵？

A.R　B.D　C.W　D.Q

130. （A）在iClone專案編輯模式，若只顯示臉部（如圖），哪種方式可進行？

A.攝影機角度——臉部　B.攝影機角度——全部

C.攝影機角度——底部　D.攝影機角度——前方

131. （B）在iClone專案編輯模式，若顯示天空、場景及人物等（如圖），哪種方式可進行？

A.攝影機角度——臉部　B.攝影機角度——全部

C.攝影機角度——底部　D.攝影機角度——前方

132. （C）在iClone專案編輯模式，若顯示場景及人物等（如圖），哪種方式可進行？

A.攝影機角度——臉部　B.攝影機角度——全部

C.攝影機角度——俯視　D.攝影機角度——前方

133.（B）在iClone專案編輯模式，若顯示右方畫面（如圖），哪種方式可進行？

A.攝影機角度——左方　B.攝影機角度——右方

C.攝影機角度——俯視　D.攝影機角度——前方

134.（C）在iClone專案編輯模式，若顯示天空往地面看（如圖），哪種方式可進行？

A.攝影機角度——左方　B.攝影機角度——右方

C.攝影機角度——俯視　D.攝影機角度——前方

135.（A）在iClone專案編輯模式，若顯示底部往上看（如圖），哪種方式可進行？

A.攝影機角度——底部　B.攝影機角度——右方

C.攝影機角度——俯視　D.攝影機角度——前方

136.（B）在iClone專案編輯模式，若顯示後方往前方（如圖），哪種方式可進行？

A.攝影機角度——底部　B.攝影機角度——右方

C.攝影機角度——俯視　D.攝影機角度——前方

137.（C）在iClone專案編輯模式，若顯示左方畫面（如圖），哪種方式可進行？

A.攝影機角度——底部　B.攝影機角度——右方

C.攝影機角度——左方　D.攝影機角度——前方

138.（C）iClone攝影機——俯視功能快速鍵？

A.G　B.A　C.J　D.W

139.（B）iClone攝影機——左方功能快速鍵？

A.G　B.A　C.J　D.W

140.（C）iClone攝影機——後方功能快速鍵？

A.G　B.A　C.D　D.W

141.（C）iClone攝影機——全部功能快速鍵？

A.G　B.A　C.K　D.W

142.（A）iClone是哪種創作平台？

A.Real－－Time　B.Unreal Engine 4　C.Maya　D.Unity

143.（D）下列那一個不是iClone視覺功能

A.陰影　B.卡通著色　C.天候　D.燈光

144.（B）下圖是iClone 那一種燈光？

A.平行光 B.聚光燈　C.黃光　D.LED

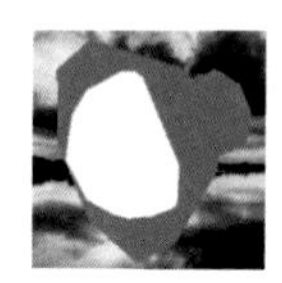

145.（B）下圖是iClone 那一種燈光？

A.平行光 B.聚光燈　C.黃光　D.LED

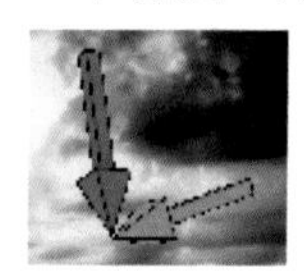

146.（B）下圖是iClone 那一種燈光？

A.平行光 B.聚光燈　C.點光源　D.LED

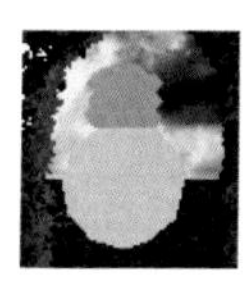

147.（A）時間軸角色軌道按右鍵時間變化，下列那一個是直線？

A. B. C. D.

148.（C）時間軸角色軌道按右鍵時間變化，下列那一個是緩出？

A. B. C. D.

149.（C）時間軸角色軌道按右鍵時間變化，下列那一個是緩入後緩出？

A. B. C. D.

150.（B）若要呈現人物及場景最遠距離，哪一種距離單位比較適合？

A.20 mm B.80 mm　C.200 mm　D.特寫

151.（C）若要呈現人物及場景適合距離，哪一種距離單位比較適合？

A.20 mm B.80 mm　C.200 mm　D.特寫

152.（D）iClone道具，哪一個智慧型道具？

A.吉普車B. 粒子　C.水體　D.地型

153.（A）若要在iClone貼圖設定需要與熟悉貼圖編輯器（程式）進行連接，該如何設定？

A.偏好設定——系統——貼圖編輯器

B.偏好設定——格線

C.偏好設定——系統——介面設定

D.偏好設定——顯示

154. iClone最大貼圖規格尺寸？

A.16384×16384　B.512×512

C.1024×024　D.4096×4096

155.（B）iClone增加約束器，下列那一個是彈簧（Spring）？

A. B. C. D.

156.（A）iClone增加約束器，下列那一個是軸（Hinge）？

A. B. C. D.

157.（A）iClone增加約束器，下列那一個是點對點（Point to Point）？

A. B. C. D.

158.（D）iClone增加約束器，下列那一個是角錐（Cone Twist）？

A. B. C. D.

159.（D）iClone 設計專案，不慎按到走路或飛行模式，如何離開？

A.ESC　B.Alt　C.F8　D.F9

160.（A）下列那一個模式移動時，使攝影機與地形起伏？

A.走路模式　B.飛行模式　C.智慧型道具　D.燈光

161.（A）下列那一個模式移動時，使攝影機與地形起伏？

A.走路模式　B.飛行模式　C.智慧型道具　D.燈光

162.（E）下列那一個模式移動時，使攝影機與地形起伏？

A.動態　B.運動體　C.靜態　D.凍結 E.以上皆是

163.（D）在iClone 6動作調整——臉部，下列那一個是Crazy Talk腳本檔案聲音來源？

A. B.  C.  D.

164.（A）在iClone 6動作調整——臉部，下列那一個是Crazy Talk腳本錄製聲音來源？

A. B.  C.  D.

165.（B）在iClone 6動作調整——臉部，下列那一個是Crazy Talk 腳本TTS來源？

A. 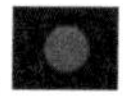 B.  C.  D.

166.（C）在iClone 6動作調整——臉部，下列那一個是Crazy Talk 腳本Wave來源？

A. B.  C.  D.

167.（A）TTS是什麼意思？

A.文字轉語音　B.語音轉文字

C.影片轉文字　D.語音轉影片

168.（B）在iClone中TTS除提供英文及繁體文字之外，若需要額外哪個官網可下載？

A.Microsoft　B.HP　C.Adobe　D.Autodesk

169.（A）角色在iClone時間軸，若需要修正角色臉部唇形編輯器，是需選擇下列哪一個？

A. 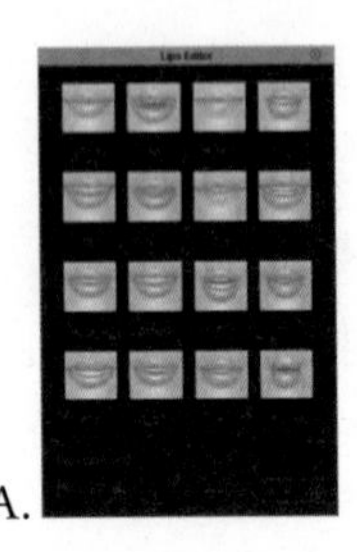

B. 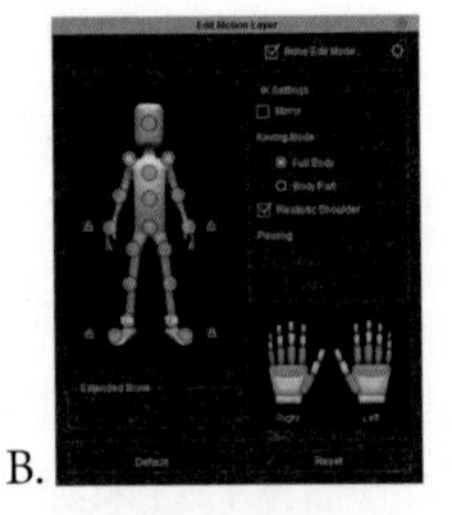

C. 

D. 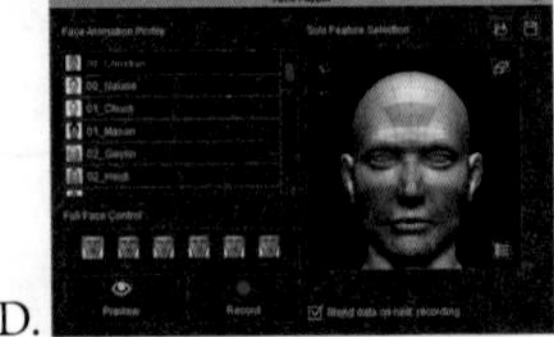

170.（D）若要將角色進行臉部操控且角色表情動作，是需要選擇下列哪一個？

A. 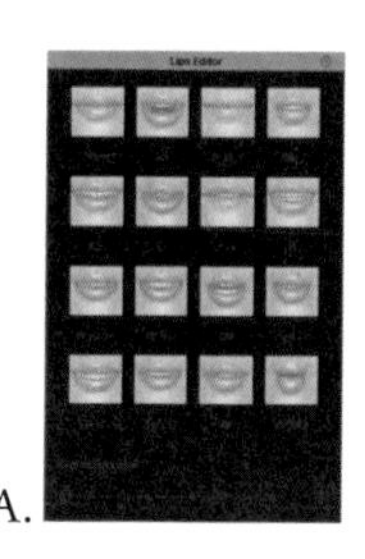

B. 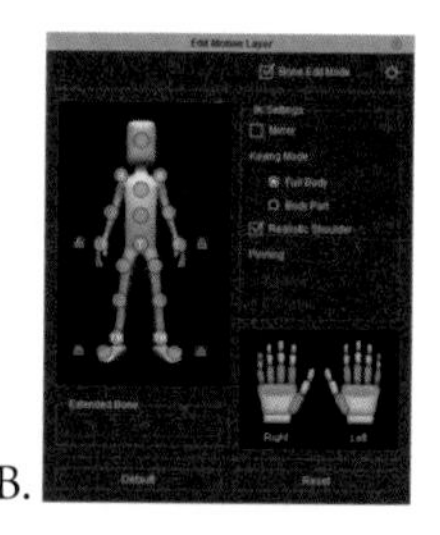

C. 

D. 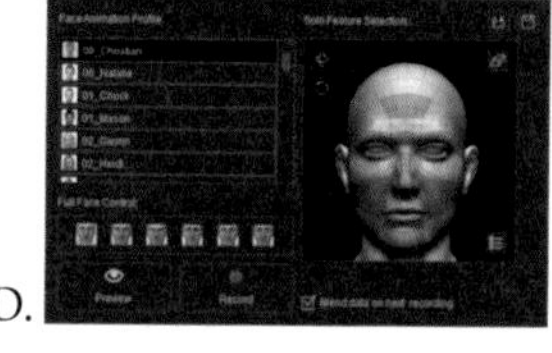

171.（D）如圖所示，在iClone臉部中的那一項功能？

A.臉部編輯器　B.編輯動作層

C.動態捕捉裝置　D.臉部關鍵影格

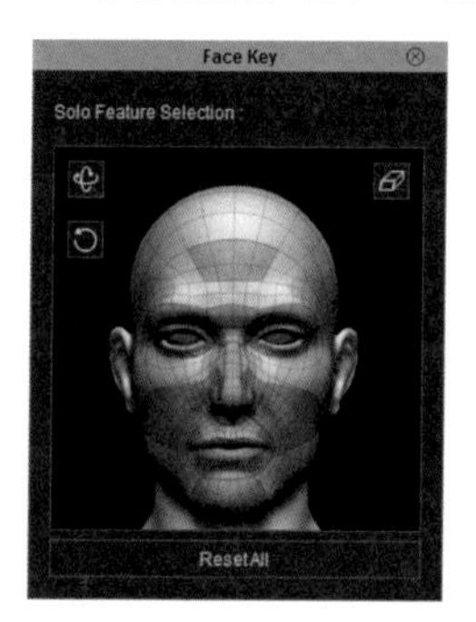

172.（C）下圖是觸控目標，是什麼的功效？

A.角色動作編輯　B.角色骨架設定

C.角色（手及腳）可觸控目標物　D.臉部關鍵影格

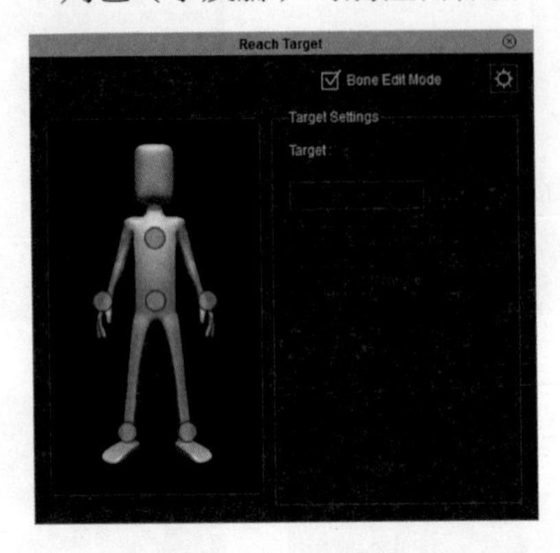

總結

感謝各位高中職教師，使用「用iClone&互動式虛擬實境打造3D動畫世界」教學書。本書是小樂我本人唯一首次出版的多媒體相關書籍，花費七年的學生時期及多年的努力研究的一本相關書籍。本書是主要希望高中職教師可帶入相關課程及互動課程的介紹，編撰多媒體相關教學書籍。但若認為本書不符合您期待，先與您說聲抱歉，因這是本人的歷年學習的成果，絕無再版。希望能夠幫助到您在任何的相關課程中，學習教學豐富的紀念教學之多媒體書籍。

學習新知類　PD0048　BOSS館11

用iClone&互動式虛擬實境打造3D動畫世界

作　　者／樂祖豪
責任編輯／辛秉學
圖文排版／賴英珍
封面設計／蔡瑋筠

發 行 人／宋政坤
法律顧問／毛國樑　律師
出版發行／秀威資訊科技股份有限公司
114台北市內湖區瑞光路76巷65號1樓
電話：+886-2-2796-3638　傳真：+886-2-2796-1377
http://www.showwe.com.tw
劃撥帳號／19563868　戶名：秀威資訊科技股份有限公司
讀者服務信箱：service@showwe.com.tw
展售門市／國家書店（松江門市）
104台北市中山區松江路209號1樓
電話：+886-2-2518-0207　傳真：+886-2-2518-0778
網路訂購／秀威網路書店：http://www.bodbooks.com.tw
國家網路書店：http://www.govbooks.com.tw

2017年2月　BOD一版
定價：460元

國家圖書館出版品預行編目

用iClone&互動式虛擬實境打造3D動畫世界 /
樂祖豪著. -- 一版. -- 臺北市 : 秀威資訊科技,
2017.02
面； 公分.
參考書目 : 面
ISBN 978-986-326-403-3(平裝)

1. iClone(電腦程式) 2. 電腦動畫

312.8 105024825

讀者回函卡

感謝您購買本書，為提升服務品質，請填妥以下資料，將讀者回函卡直接寄回或傳真本公司，收到您的寶貴意見後，我們會收藏記錄及檢討，謝謝！
如您需要了解本公司最新出版書目、購書優惠或企劃活動，歡迎您上網查詢或下載相關資料：http:// www.showwe.com.tw

您購買的書名：______________________________

出生日期：________年________月________日

學歷：□高中（含）以下　□大專　□研究所（含）以上

職業：□製造業　□金融業　□資訊業　□軍警　□傳播業　□自由業
　　　□服務業　□公務員　□教職　□學生　□家管　□其它_____

購書地點：□網路書店　□實體書店　□書展　□郵購　□贈閱　□其他

您從何得知本書的消息？

□網路書店　□實體書店　□網路搜尋　□電子報　□書訊　□雜誌
□傳播媒體　□親友推薦　□網站推薦　□部落格　□其他________

您對本書的評價：（請填代號　1.非常滿意　2.滿意　3.尚可　4.再改進）

封面設計____　版面編排____　內容____　文／譯筆____　價格____

讀完書後您覺得：

□很有收穫　□有收穫　□收穫不多　□沒收穫

對我們的建議：______________________________

____

____

____

請貼
郵票

11466
台北市內湖區瑞光路 76 巷 65 號 1 樓
秀威資訊科技股份有限公司 收
BOD 數位出版事業部

（請沿線對折寄回，謝謝！）

姓　　名：＿＿＿＿＿＿＿＿ 年齡：＿＿＿＿ 性別：□女　□男

郵遞區號：□□□□□

地　　址：＿＿＿＿＿＿＿＿＿＿＿＿＿＿＿＿

聯絡電話：（日）＿＿＿＿＿＿＿＿（夜）＿＿＿＿＿＿＿＿

E-mail：＿＿＿＿＿＿＿＿＿＿＿＿＿＿＿＿